# Excelによる 理工系のための統計学

林　茂　雄　著

東京化学同人

# まえがき

　本書は理工系のみなさんを対象とする，統計的手法および誤差解析の実用的入門書である．あなたがパソコンを使いこなせるのであれば，独習書としても使える．

　筆者はこれまで統計学のテキストを2冊翻訳したが，ある大学の理工学部2年生向けに授業（50名）を行って学期終わりにアンケートをとったところ，"Excel（エクセル）演習をしながら授業を進めるとわかりやすいのでは"という意見が出された．Excelの理工応用についても筆者には著書があり，別の大学の農学部1年生の授業（140名）で扱ったことがある．そこでの学期始めのアンケートで，ほとんどの学生はExcelの使用経験があることがわかった．しかし，SUMは知っていてもSQRTは知らないというのが実情であった．

　大学の研究室や学会発表でExcelを用いた解析が日常的に行われているが，回帰直線も含めてグラフ機能が最も役立っている印象を受ける．"$R^2$が大きいのでこちらのフィッティングの方がうまくいきました"と胸を張って発表する若い世代は頼もしいが，質問してみると意外と$R^2$の意味がわかってないようである．

　そこで本書では，Excelを演習の手段として使うことを前提として統計的考え方を説明する．特に乱数RANDを活用する．乱数を使えばいちいちデータを入力せずとも100個ぐらいの演習用データを容易に生成することができる．また，ランダム変数の感じをつかむためにもRANDは有用である．

　乱数を使うことの意義は，実はもっと深いところにある．正規分布に従う乱数を発生させれば実際の測定をシミュレーションすることができる．大げさな言い方をすれば，乱数を発生するプログラムは自然現象の支配者（神様）であり，統計用語でいう母集団の構築者である．そして変数が乱数を受取る過程は抽出（サンプリング）であり，それを実施する主体は観測者である．この発想で理解できる事項には，スチューデントの$t$分布，標準偏差を$n$ではなく$n-1$で割ること，などなどいくつもある．コンピューター実験の章ではこれらのトピックスを扱っている．

本書が，一味違う教科書・専門書として，統計学を学ぶみなさんのお役にたてれば望外の喜びである．

　2016 年 9 月

林　　茂　雄

# 目　　次

1. 表計算ソフトの活用 ……………………………………………………… 1
   - 1・1　コンピューターソフト …………………………………………… 1
   - 1・2　表計算ソフトの活かし方 ………………………………………… 2
   - 1・3　フィルハンドルドラッグ ………………………………………… 3
   - 1・4　グラフの作成 ……………………………………………………… 4
   - 1・5　$y=f(x)$ のグラフの面積 ………………………………………… 4
   - 1・6　関　　数 …………………………………………………………… 5
   - 1・7　ファイル …………………………………………………………… 6
   - 演習問題 …………………………………………………………………… 7

2. 量と計測 …………………………………………………………………… 10
   - 2・1　物 理 量 …………………………………………………………… 10
   - 2・2　測　　定 …………………………………………………………… 11
   - 演習問題 …………………………………………………………………… 14

3. 誤　　差 …………………………………………………………………… 17
   - 3・1　誤差をもった物理量 ……………………………………………… 17
   - 3・2　誤差を確率変数とみなす ………………………………………… 21
   - 3・3　誤差の種類 ………………………………………………………… 24
   - 3・4　不確かさをめぐる話題 …………………………………………… 28
   - 演習問題 …………………………………………………………………… 29

4. サンプリングと確率分布 ………………………………………………… 32
   - 4・1　測定するということ ……………………………………………… 32
   - 4・2　確率分布関数 ……………………………………………………… 36
   - 4・3　精度と確度 ………………………………………………………… 38
   - 演習問題 …………………………………………………………………… 38

## 5. 平均値・分散・標準偏差 …… 40
- 5・1 平均 …… 40
- 5・2 時間経過に依存する平均 …… 41
- 5・3 加重平均 …… 43
- 5・4 標準偏差と分散 …… 45
- 5・5 平均操作による誤差の低減 …… 47
- 5・6 表計算による平均と標準偏差の計算 …… 48
- 演習問題 …… 50

## 6. 二項分布・多項分布 …… 52
- 6・1 二項分布 …… 52
- 6・2 多項分布 …… 55
- 演習問題 …… 59

## 7. 正規分布 …… 60
- 7・1 正規分布の基本 …… 60
- 7・2 正規分布の特性 …… 61
- 7・3 標準偏差を伴ったデータを平均すること …… 62
- 7・4 定義域が非対称の正規分布あるいは形が非対称の正規分布 …… 65
- 7・5 測定で得られた平均値はどこまであてになるか: スチューデントの $t$ 分布 …… 65
- 7・6 中心極限定理 …… 67
- 演習問題 …… 67

## 8. コンピューター実験 …… 69
- 8・1 乱数 …… 69
- 8・2 度数分布 …… 72
- 8・3 簡単なモンテカルロ・シミュレーション …… 74
- 演習問題 …… 79

## 9. 誤差の伝播と相関係数 …… 81
- 9・1 信号の伝達と誤差の伝播 …… 81
- 9・2 一つの測定量についての誤差伝播 …… 82
- 9・3 二つの測定量の四則演算における誤差伝播 …… 83
- 9・4 二つの測定量についての誤差伝播 …… 84

9・5　共分散と相関係数 ……………………………………………… 85
演習問題 ……………………………………………………………… 90

## 10. 2変量の正規分布 …………………………………………… 91
10・1　1変量の正規分布 …………………………………………… 91
10・2　2変量の正規分布 …………………………………………… 91
演習問題 ……………………………………………………………… 96

## 11. データフィッティング ……………………………………… 98
11・1　データフィッティングとは ………………………………… 98
11・2　線形データフィッティング ………………………………… 102
11・3　Excelで回帰直線を求める ………………………………… 109
11・4　非線形データフィッティング ……………………………… 111
演習問題 ……………………………………………………………… 113

## 12. ポアソン分布 ………………………………………………… 116
12・1　ポアソン分布の基本 ………………………………………… 116
12・2　パルス事象 …………………………………………………… 118
演習問題 ……………………………………………………………… 121

## 13. カイ二乗検定 ………………………………………………… 122
13・1　カイ二乗検定とは …………………………………………… 122
13・2　カイ二乗の確率 ……………………………………………… 127
演習問題 ……………………………………………………………… 130

## 14. ベイズの統計学 ……………………………………………… 132
14・1　ベイズの主観的確率 ………………………………………… 132
14・2　ベイズの定理 ………………………………………………… 133
14・3　事前確率のアップデート …………………………………… 136
演習問題 ……………………………………………………………… 136

演習問題の解答 ……………………………………………………… 139
付　　録 ……………………………………………………………… 159
参考文献 ……………………………………………………………… 162
索　　引 ……………………………………………………………… 163

# 1 表計算ソフトの活用

今後 Excel® に即して具体例をあげていくのでここで準備をしておこう．使い慣れている人は読み飛ばしてかまわない．

## 1・1 コンピューターソフト
### 1・1・1 コンピューターソフトと統計処理
　コンピューターを用いた解析を日常的に行っているエンジニアや研究者の多くは，処理プログラムの一部として統計解析サブプログラムを自作することが多い．本書で扱う程度の計算式ならそれが十分可能である．大抵は一重のループ構造で済むから，大学教育のコンピューター演習程度のスキルでかまわない．
　一方，オフィス用汎用ソフトで事足りている人々は，統計処理の内容とソフトのスキルに応じて，統計計算専用のアプリケーションか表計算ソフトを使うであろう．
　本書では，演習問題を解くにあたって表計算ソフトを用いることを推奨したい．データをキー操作で入力したあと，計算式に沿って処理コードを入力する．多くの場合，マウス操作を伴う．この方式は，電卓を使う場合より作業量は多いかもしれないが，データと計算式のチェックがあとからできるのが強みである．たとえ時間が余計にかかったとしても，早く答えを出すことよりも誤りのない計算を行うことの方がはるかに重要である．この点は，試験に苦しめられてきた学生の皆さんが見落としがちであるが，たとえば，学会発表で計算の誤りが指摘されると発表者の評価が一気に下がる．計算法やソフトに習熟する意義は，早く結果を出すことではなく，誤りを犯さないことにあると認識すべきである．

### 1・1・2 本書で用いたコンピューターソフト
　本書では Excel の RAND 関数（後出）を用いて問題を作成している[*]．これは一種のモンテカルロ・シミュレーションである．また，作成画面も適宜載せている．しかし，データ量が何万ともなると Excel では対応できないのでプログラミング言語（Modula-

---

[*] Excel の関数はタイプライターの字体（Courier New）で表記する．

2) でプログラムを自作して計算している．この言語は文法が明快なので，プログラミングを自習したい人には好適である*．

## 1・2 表計算ソフトの活かし方
### 1・2・1 表計算ソフトとは
　本章の内容を詳しく知りたい人は巻末の参考文献 3 を参照してほしい．典型的な**表計算ソフト**（spreadsheet）を使って作業している様子を図 1・1 に示す．セルとよばれるマスが縦横に並んでおり，セルの位置は横座標（列 ABC…）と縦座標（行 123…）で指定する．マウスポインターをセルにもっていけば枠の形状が変わる．図では B5 セルが選ばれており，その内容が上にある小さいウィンドウ（formula bar）に表示されている．セルには数値か計算式が入る．表計算ソフトを使うということは，処理したい数値データと処理のための数式をセルに書き込むということである．どこかのセルの内容が更新されればすべてのセルの計算式が自動的に実行されるのが表計算の特徴である．

| カーソルの座標 | カーソル位置の計算式 | | |
|---|---|---|---|
| B5 | =B4*($B$1+2-A5)*(A5-1)/($B$1*(A5-2)) | | |
| | A | B | C | D |
| 1 | n | 365 | | |
| 2 | | | <k> | |
| 3 | k | p_k | | |
| 4 | 2 | 0.002740 | 0.005479 | |
| 5 | 3 | 0.005464 | 0.021873 | |
| 6 | 4 | 0.008152 | 0.054480 | |
| 7 | 5 | 0.010780 | 0.108378 | |
| 8 | 6 | 0.013327 | 0.188340 | |

図 1・1　表計算ソフトの作業画面

### 1・2・2 表計算ソフトの長所と短所
　表計算ソフトに対抗するものとして汎用プログラミング言語（Fortran, C）を用いる方式，統計に特化したソフトウェアを用いる方式，あるいは電卓を用いる方式がある．このことを想定しながら表計算ソフトの長所をまとめてみよう．

　［使いやすさ］最もポピュラーである．持っている人・使える人の問題があまり生じない．
　［フレキシビリティ］入力しながら処理することも，ファイル形式のデータを読み込んで処理することもできる．

---
　*　たとえば http://www.excelsior-usa.com/xds.html, http://www.modula2.org

［機能］グラフ表示が容易．
［再現性］あとから処理過程をチェックすることができる．

　一方，表計算ソフトの短所は次のようにまとめることができる．最初の二つは汎用計算機言語の強みであってほとんど同じ命令で，数行のデータも何百万行のデータも同様に処理できる．一方，Excel では繰返し回数が行数に比例する．最後の"操作"は電卓と比較した場合の短所であるが，汎用計算機言語と比較すれば"使いやすさ"が長所となる．

［データ量］行数が多くなると画面のスクロールがうっとうしい．
［アルゴリズム］長い繰返しと複雑な枝分かれは不向き．
［操作］表計算固有のやりかたに慣れる必要がある．

　本書では Windows 版 Excel（Excel2013 for Windows）を取上げる．バージョンによってメニューの場所が少しずつ異なるが，操作法自体はさほど変わらない．

## 1・3　フィルハンドルドラッグ

　図 1・1 のマウスポインターをセルの右下隅に移動させると図 1・2 のように＋記号が現れる．これが**フィルハンドル**（fill handle）である．一つまたは連続した二つのセルを選んでおいてフィルハンドルを下あるいは右にドラッグ（drag，引きずる）すればセルの内容が簡単に複製できる．＄記号がついていればアドレス位置は変わらないが，ついていなければ参照するアドレスは自動的に更新される．

|   | A | B | C |
|---|---|---|---|
| 1 | n | 365 | |
| 2 | | <k> | |
| 3 | k | $P_k$ | |
| 4 | 2 | 0.002739726 | 0.00547945 |
| 5 | 3 | 0.00546444 | 0.02187277 |
| 6 | 4 | 0.008151747 | 0.05447976 |
| 7 | 5 | 0.010779661 | 0.10837806 |
| 8 | 6 | 0.01332691 | 0.18833952 |

図 1・2　フィルハンドル（実際の画面）

**（参考）数値とテキスト**　　図 1・1 と図 1・2 を比べてみると文字の横位置が異なることに気づく．図 1・1 では文字がセルの真ん中に揃えてある（配置メニューを利用）．それに対して図 1・2 ではメニューをまったく使っていない．この状態では，数値は右寄せ，テキストは左寄せで表示される．通常は数値だけが計算の対象である．

## 1・4 グラフの作成
### 1・4・1 $x$ 対 $y$ のグラフ
　グラフの横軸の値 $x_i$ と縦軸の値 $y_i$ が隣接していればそれらを選んだうえで散布図のメニューを開く．これが最も簡単である．もし隣接していなければ"データの選択"を利用して適当な系列を追加か削除をする．

### 1・4・2 棒グラフ
　ラベル $a_i$ と棒の高さ $x_i$ が隣接していればそれらを選んだうえで棒グラフのメニューを開く．もし $x_i$ のみを選べば棒グラフが得られるがラベルには番号 1, 2, 3, … が使われる．

## 1・5 $y=f(x)$ のグラフの面積
　上下が関数 $f(x)$ と $x$ 軸に挟まれ，左右が 2 本の直線 $x=a$ と $x=b$ に挟まれた領域の面積を求めるには，横軸を $n$ 個に分割して $x=a, a+h, a+2h, …, b-h, b$ に区切るのが第一段階である．そのあとの数値解析はさまざまな方法があるが，ここでは台形公式を紹介しよう\*．1 個の SUM 関数で済むからである．それには，まず図 1・3 のように台形をつくる．おのおのの台形の面積〔(上底＋下底)×高さ÷2〕を足し合わせると台形面積の和 $S$ は，

$$S = h\left[\frac{f(a)+f(a+h)}{2} + \frac{f(a+h)+f(a+2h)}{2} + \cdots + \frac{f(b-h)+f(b)}{2}\right]$$

$$= h[f(a+h)+f(a+2h)+\cdots+f(b-h)] + \frac{1}{2}h[f(a)+f(b)] \qquad (1・1)$$

となる．両端の点は重み 1/2 で足せばよい．行番号を把握することが面倒であれば，最初と最後の行番号を確認した後，その範囲で SUM を取り，重み 1/2 で端点を差し引く．いずれの場合も最後に幅 $h$ を掛ける．

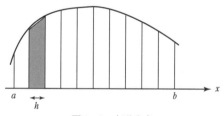

図 1・3　台形公式

---

　\*　点をもっと多く取り，シンプソンの公式（重みを $\frac{1}{3}, \frac{4}{3}, \frac{2}{3}, \frac{4}{3}, \frac{2}{3}, \cdots, \frac{4}{3}, \frac{1}{3}$ とする）を用いれば精度は向上する．

## 1・6 関　　数
### 1・6・1 数 学 的 関 数
　統計学で有用な数学的関数を表1・1にまとめた．"返す"の意味は，たとえば"=EXP(A3)*A4"であればA3セルの値に対する指数関数の値でEXP(A3)が置き換わるということである．今後，これら以外にもいくつかの関数が登場する．

表1・1　数学的関数

| 関　　数 | はたらき |
| --- | --- |
| EXP($x$) | 指数関数 $\exp(x)$ |
| LN($x$) | 自然対数 $\ln x$ |
| LOG($x, p$) [1] | $\log_p x$ |
| SQRT($x$) | 平方根 $\sqrt{x}$ |
| SIN($x$) [2] | 三角関数 $\sin x$ |
| ASIN($x$) [3] | 逆三角関数 $\sin^{-1} x$ |
| GAMMA($x$) [4] | ガンマ関数 $\Gamma(x)$．$x$が整数であればFACT($x-1$)と同じ |
| FACT($n$) | 階乗 $n!$ |
| MOD($a, b$) | $a$を$b$で割った余り．ただし，$a, b$は整数に限定すべき |
| INT($x$) | $x$を超えない整数 |
| MAX($x, y, z, \cdots$) | $x, y, z, \cdots$のうちの最大値 |
| MIN($x, y, z, \cdots$) | $x, y, z, \cdots$のうちの最小値 |
| RAND() | 0～1の範囲で一様乱数を返す |
| PI() | $\pi(=3.14\cdots)$を返す |

　[1] ただのLOG($x$)はLOG10($x$)と同じく常用対数．
　[2] そのほかにCOS($x$)，TAN($x$)がある．
　[3] そのほかにACOS($x$)，ATAN($x$)がある．
　[4] GAMMA($x$)はExcel2013以降で使用可能．

### 1・6・2 表計算用の関数
　表計算に特徴的な関数を活用すると作業が楽になる．しかし，ビジネスや研究の現場では，結果の正しさが第一であるから，よく知っている関数，あるいはわかりやすい関数を用いて作業を進めるべきである．行列を想定した表計算関数を訳もわからずに使う事例を見かけるが，きわめて危なっかしい．その意味でいえば表1・2の関数が使いこなせれば十分である．このうち，SUMPRODUCTは複数の列（あるいは行）に対応する要素の積の足し算で使うと便利である．この表では二つの列を想定しているが三つ以上でも構わない．
　さらにいえば，SUMですべての総和を計算することができる．ただし，単一の列（または行）の和しか計算できないので，あらかじめ積の列（または行）をつくっておかねばならない．面倒ではあるが，使いやすい関数なので慣れておくことをおすすめしたい*．

---

　*　参考文献3ではSUMのみを使っている．

そのほか場合分けが必要であれば"IF (判断式, 選択肢1, 選択肢2)"を用いる．この意味は，判断した結果*が真 (True) であれば選択肢1を，偽 (False) であれば選択肢2を，それぞれ選択するということである．選択肢の中にさらにIFがあってもよい．選択肢が多い場合は"CHOOSE (インデックス, 選択肢1, 選択肢2, …)"が便利であるが使い勝手はよくない．

なお，フィルハンドルドラッグによって命令を複製したい場合は，目的に応じてアドレスの前に \$ をつけておくことが必要である．

表 1・2　表計算向け関数

| 関　　数 | はたらき |
|---|---|
| SUM($\alpha i:\alpha j$) | $\alpha$ 列の $i$ 行目〜$j$ 行目までの和 |
| SUMSQ($\alpha i:\alpha j$) | $\alpha$ 列の $i$ 行目〜$j$ 行目までの二乗和 |
| SUMPRODUCT($\alpha i:\alpha j, \beta i:\beta j$) | $\alpha$ 列と $\beta$ 列の対応する要素の積の和 |
| AVERAGE($\alpha i:\alpha j$) | $\alpha$ 列の $i$ 行目〜$j$ 行目までの平均 |
| STDEV($\alpha i:\alpha j$) | $\alpha$ 列の $i$ 行目〜$j$ 行目までの標準偏差 |
| CORREL($\alpha i:\alpha j, \beta i:\beta j$) | $\alpha$ 列と $\beta$ 列で対応する要素間の相関係数 |
| COUNT($\alpha i:\alpha j$) | $\alpha$ 列の $i$ 行目〜$j$ 行目までの数値データの個数 |
| COUNTIF($\alpha i:\alpha j, \Omega$) | $\alpha$ 列の $i$ 行目〜$j$ 行目までで条件 $\Omega$ に合うものの個数 |

**SUM 関数の好ましくない用法**：SUM(C1+C2+C3)，あるいは SUM(C1,C2,C3) は誤りではないがおすすめできない．簡潔に C1+C2+C3 とするか，範囲指定を用いて SUM(C1:C3) とすべきである．

**負号は演算子**：数式はおおむね常識で判断してよいが，例外がある．それは負号の - を一種の演算子とみなすことである．同じ - でも2項の間にあれば常識どおりに引き算を表す．負号演算子はべき乗演算子 (^) や他の算術演算子より優先順位が高い．

例をあげよう．=-A1^2 を実行すれば常に正の値が代入される．数学の常識に合わせたければかっこを用いて =-(A1^2) とする必要がある．- は二つ重なってもよく，=--A1 は =A1 と同等である．一方，=A1-A2*-A3 の最初の - は引き算演算子であるから =A1-(A2*(-A3)) と同等である．

## 1・7　ファイル
### 1・7・1　ファイルの拡張子

**拡張子**とはファイルのタイプを明示する符牒のことである．そのファイルを処理するソフトとの対応づけもできているがテキストファイルの場合には他のソフトでも扱うことができる．

---

＊ 典型的な判断式（論理式ともいう）は，A1 が偶数かを判断する MOD(A1,2)=0 である．

しかしながら Windows の初期設定では，ファイルの拡張子が表示されないようになっているのが残念である．その設定を解除するには，

エクスプローラーの"整理"メニュー → フォルダーと検索のオプション → 表示

または

コントロールパネル → フォルダーオプション → 表示

から入って"登録されている拡張子は表示しない"の ☑ をクリックしてチェックをはずす．そのあとエクスプローラー（Windows Explorer）を立ち上げてファイル一覧を見れば，

Book1.xlsx　　　Address.xls　　　データ.csv　　　説明書.docx

のように拡張子が表示される．最初の三つは，クリックすれば Excel が立ち上がる．

## 1・7・2　ファイルのタイプ

**book**　　Excel で作業を終えて閉じようとすると"Book1.xlsx の変更を保存しますか？"と聞いてくる．何も指示しなければ Book1.xlsx という名前で保存されるが，通常は好きな名前に変更する．

　　Book とは作業のすべてを含むファイル形式であり，拡張子は xlsx である．旧バージョンでは xls であった．数値・日付・文字などの狭い意味の情報のほかに，セルのレイアウトや色など，表を再現するのに必要なすべての情報を含む．

**csv**　　作業内容を保存する際に"名前をつけて保存"するを選択すると種類一覧の中に csv がある．この形式ではセルの値のみがコンマで区切って保存される．このことからわかるように csv は comma separated value の略である．csv のユニークな点は Excel との関連づけである．この形式のファイルをクリックすれば Excel が自動的に立ち上がる．したがって，何かのプログラムでデータを出した後，Excel で処理したければ，データをコンマで区切り，行の最後で改行してファイルに保存するのがよい．

**text**　　"名前をつけて保存"の中にテキストの選択肢が csv 以外にもある．標準はタブ区切りであり，拡張子は txt である．この種類のファイルをクリックするとテキストエディタ（多くの場合，メモ帳 Notepad）が立ち上がる．編集がしやすいのでこの txt 形式はなかなか便利である．また Excel で読み込むときも最小の手続きで再現できる*．

### 演習問題

**1・1**［フィルハンドル］　図1・2のフィルハンドル（5行目）を9行目まで引きずった．

---

\*　txt 形式の中にはコンマ区切りもある．見やすいが，コンマ区切りであることを指示したうえで読み込まねばならない．

どのような計算式が B9 セルに入るか．またどのような数値が表示されるか．図 1・1 の式を実際に入力して調べよ．なお，B4 セルの内容は 1/365 である．

**1・2**［フィルハンドル］ 図 1・1 の A 列には，2, 3, 4, … の数列が入っている．フィルハンドルを用いてこれを作成するにはどうすればよいか．

**1・3**［エラーメッセージ］ 図 1・4 において B2 セルは "=SQRT(A2)" である．このセルのフィルハンドルを下方に引きずったら図 1・4 のようなメッセージが現れた．

|   | A | B | C |
|---|---|---|---|
| 1 | input | output | |
| 2 | 100 | 10 | |
| 3 | 百 | #VALUE! | |
| 4 | -100 | #NUM! | |

図 1・4　表計算ソフトのエラーメッセージ

(a) =SQRT(…) の意味を答えよ．
(b) #VALUE! が現れた原因を答えよ．
(c) #NUM! が現れた原因を答えよ．
(d) B2 セルの内容を =EXP(A2) に変えてフィルハンドルドラッグをやり直す．メッセージに違いは現れるであろうか．

**1・4**［放物線の面積］ (a) まず $n=10$ とする．
(b) $x=0, …, 1$ を $n$ 分割し，各点における $y=\sqrt{x}$ の値を計算せよ．
(c) $(x, y)$ の関係をグラフに描け．
(d) $x$ 軸と放物線との間の面積 $S_n$ を台形公式で求めよ．
(e) $S_n$ を $n=10, 20, 40, 80, 160$ について求め，$(n, S_n)$ の関係を対数グラフに表示せよ．

**1・5**［book 形式］ 拡張子が xlsx のファイルはバイナリーファイルであるという．この意味を答えよ．

**1・6**［csv 形式］ ある一つのセルには 100, 200 というデータが入っている．このコンマとセル間の区切りのコンマとはどう区別できるか．

**1・7**［拡張子］ myfile.txt というファイルをクリックしたら Excel が立ち上がった．これは Windows の誤動作か．

**1・8**［テキストファイルの読み込み］ 右表の内容をワープロまたはテキストエディタで入力せよ．

| 範囲 | 度数 |
|---|---|
| 0〜1, | 0 |
| 1〜2, | 10 |
| 2〜3, | 50 |
| 3〜4, | 30 |
| 4〜5, | 10 |
| 5〜6, | 0 |

(a) csv 形式のファイルとして保存せよ（仮に a.csv という名をつける）．
(b) txt 形式のファイルとして保存せよ（仮に b.txt という名をつける）．
(c) a.csv を Excel で読み込め．
(d) b.txt を Excel で読み込め．

**1・9** [数の限界] $n$ の階乗を計算するとある値以上で #NUM エラーが生ずる．エラーが生ずる直前のべき指数値から，何ビットで数が表現されているかを推測せよ．

(a) A1 セルと B1 セルに 1 を入れよ．
(b) A2 セルに =A1+1，B2 セルに =A2*A1，C2 セルに =FACT(A2) を入れよ．
(c) A2, B2, C2 の各セルをまとめて下方にフィルハンドルドラッグせよ．
(d) B 列と C 列でエラーが発生する直前のべき指数を調べよ．それが 8 ビットで表現できれば単精度実数，11 ビットで表現できれば倍精度実数が Excel エクセルで用いられていると推定できる．

# 2 量 と 計 測

誤差とその統計処理を考える前に，量そのものについて一種の鑑識眼が必要である．

## 2・1 物理量

理学・工学で扱う量は**物理量**（physical quantity）である．具体例を知りたければ，中学以降の理科の教科書の中で数値で表現されているものを思い浮かべてみるとよい．物理というので化学とも生物とも違うように聞こえるが，計測できる量はすべて物理量であり，誤差や精度が関係する．逆に言えば，計測できなければ物理量ではない．

### 2・1・1 物理量の表現

物理量 $x$ の表現法は次のとおりである．

$$x = [数値][単位] \quad (2・1)$$

本書のおもなテーマは，数値の部分である．現実の数値にはあいまいさがつきものであるから，どう表し，どう評価し，どう活用するかが関心事である．

とはいえ単位の部分もなおざりにはできない．単位は SI 単位系を採用し，長さや時間のように次元を表す記号を組合わせて表現する．科学論文では SI 単位（メートル m，キログラム kg，秒 s）を組合わせるか，組立て単位（圧力であればパスカル Pa）を用いて表す．しかしながら，標準的な単位では使いづらい表現になることがよくある．古くから使われている単位には便利なものが多いので，実用単位として今でも使う．電気双極子モーメントのデバイ D や分子振動の波数 $cm^{-1}$ がその例である．

分野によっては英米由来の単位がわが国でも受け入れられている．長さのフィート ft はゴルフで*，重さのポンド lb はボクサーの体重表現に，体積のガロン gal は石油の統計に，力の馬力 hp は車の性能表記にそれぞれ使われている．

特別な場合として単位をもたない $\pi = 3.14159\cdots$ のような定数もある．

印刷物では，物理量を変数で表す場合，たとえば a であればイタリック体（斜体）$a$ で表現する．しかし，単位は立体（普通の書体）で表す．

---

\* 不思議なことに野球はメートル表示である．

複数の物理量の演算は，数値同士の演算と単位同士の演算を意味する．当然のことながら，異なる次元同士（たとえば長さと重さ）で加減算はできない．また，同じ次元でも単位が異なれば統一して加減算をせねばならない（たとえば坪面積と平米面積）．

## 2・2 測　定
### 2・2・1 絶対測定と相対測定

基準になる物理量に対する相対値，つまり比の値から求める方式を**相対測定**という．それに対して，物理量を直接求める方式を**絶対測定**という．密度のように，複数の異なる物理量を組合わせて求める方式も絶対測定である．

相対測定の典型として粘度（粘性率）の測定があげられる．細い管を流れる速度 $v$（実際には流れ落ちるのに要する時間 $t$）を試料と基準液体（たとえば水）で測り，両者の比を取る．

おおむね相対測定の方が実験しやすい．また，同一の計測法・同一の基準値によるデータどうしは高い精度で相互比較ができる．しかし，基準となる物理量は文献値をそのまま使うことが多く，その誤差が結果に反映されるので注意が必要である．

### 2・2・2 アナログ計測とデジタル計測

**a. アナログ計測**　　基本的な物理量は，ゲージ（一種の物差し）を基準にして計測される．長さであれば巻尺・物差し・ノギス・マイクロメーター，重さであれば天秤または秤(はかり)，時間であれば時計である．そのほかの物理量は，複数の物理量の演算で，あるいはいったん別の量（長さあるいは変位量）に変換して求められる．いずれの場合も，最後に数値を読み取る．

**b. デジタル計測**　　最近の計測器はほとんどがデジタル化されていて，測定結果が数値で表示される[*]．デジタル計測の基本原理はアナログ量をデジタル量に変換することである．これを**AD変換**という．図2・1は（雑音が重畳(ちょうじょう)した）アナログ信号をデジタル信号に変換する過程を図解したものである．まずデジタル化したい瞬間に電圧を検出し，それをしばらくの間保持する．その間に $\Delta V$ の刻み幅で比較電圧を順に増やしていく．比較電圧がサンプリングした電圧を超えたらそのときの回数がデジタルデータであり，それをマイクロプロセッサーに渡して一つのサイクルが終わる．その時間がAD変換に要する時間である（灰色の波形）．図では8桁の2進数で表しているので，分解能は $V_0/2^8$ である．ここで $V_0$ はフルスケールの電圧である．このことからデジタル変換の性能を決める要因には次の二つがあることがわかる．

　　ⅰ）精度（電圧の分解能）：$N$ 桁の2進数で刻む．

---

[*] パルスを計数する測定は原子核物理や放射線の分野で古くから行われていた．

ii) 1秒間に $S$ 回のサンプリング.

$N$ と $S$ のどちらを優先するかは目的と用途で決まる．オシロスコープは $S$ 優先である（$N=8$, $S=10^6$）が，音楽用 CD は $N$ 優先である（$N=16$, $S=4.41\times10^4$）．

時間については，まったく異なる考え方を取る．測りたい時間幅 $T$ が比較的長ければその中に基本時間幅 $\Delta t$ が何個入るかを数える．$\Delta t$ としては水晶時計で用いられるものを用いるのが実用的であるが，高精度が必要であれば原子時計を用いる．

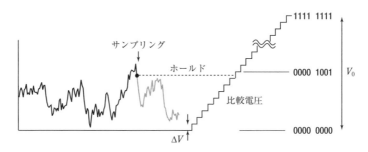

図 2・1 雑音がかぶったアナログ信号データのデジタル化（分解能は 8 ビット）

**c. 画像計測** 画像計測ではレンズ光学系と検出系が必須アイテムである．レンズ光学系は電子顕微鏡からカメラまで多種多様である．検出系は，結像面上に縦横 $a\times a$ 個の半導体素子が並んでいる．各素子が $1\sim2^b$ の範囲で階調を表現できれば，このセンサーのデータ量は $a^2 b$ ビット，つまり $\frac{1}{8}a^2 b$ バイトである．

この画像データをコンピュータ上で画像処理して，ノイズ除去，輪郭の抽出，形状やサイズの推定，位置の算出などを行う．

画像計測の例をいくつかあげよう．科学ではミクロな世界の顕微鏡画像が大きな役割を果たしてきた．光の波長が分解能の目安である．光学顕微鏡はサブミクロンの分解能をもち，バイオ研究で最も広く使われている．最近では生体組織や細胞内部からの発光が関心を集めている．電子顕微鏡はサブナノメートルの分解能をもち，物質構造や材料開発の分野で広く使われている．いわゆる電子顕微鏡は透過型（TEM, transmission electron microscope）であるが，電子ビームを細く絞って掃引するタイプ（SEM, scanning electron microscope）ではもっと広い範囲の画像を得ることができる．

紫外可視分光器の写真乾板をデジタル画像検出器で置き換えたのが 1 次元検出器である．現像する手間が省けて，効率が大幅に向上した．スペクトルを成分に分離する作業がデータ解析の課題の一つである．

光散乱に基づく粒径解析でも検出器を円周上に配置する．スペクトルが比較的狭い空間領域に展開するのに対し，散乱光は前方にも後方にも到達する．検出器を多数配置すれば解析精度は上がるがコストがかさむというジレンマがある．散乱体が複数あれば信

号を分離せねばならないので，粒子密度にはおのずと上限がある．

**d. デジタル計測器はアナログ計測器より正確か** 読み取り誤差がないので，デジタル計測器の方が正確であると思いがちであるが，自明ではない．$V_0$ が一定であるか，$N$ は十分であるか，図 2・1 の各段の高さが同じであるかがチェックポイントである．また，物理量と電圧の関係が直線からずれる場合には，それらの関係性が正しく把握できていなければならない．たとえば，温度計測でよく用いられるサーミスターは，一種の半導体であるから温度と抵抗の関係が非線形である．したがって，校正（calibration，較正とも書く）を丁寧に実施しないと精度が悪い．

### 2・2・3 何 を 測 る か

**a. モデルの問題** 物理量によっては，理論モデルに基づいて導出されるものがあるが，その信頼性については検討しておかねばならない．また，物質がもっている物理量を計測する場合，事前に対象物の特性を把握しておくべきである．

まず，理論モデルの例では，ストークス（Stokes）の法則の適用限界があげられる．液体の粘性を調べる場合，流速が十分遅くないとこの法則が当てはまらない．

物質の構造モデルとしては，カーボン材料などの多孔質材料が微小な細孔をもっていることを注意しておきたい．表面積には，それらの表面積も加えないといけない．多孔質材料でなくても，固体触媒は表面積，特に活性部位の総面積が重要な意味をもつ．その指標として単位質量当たりの窒素の吸着量（BET 法）が有用である．

また，いわゆるソフトマテリアルは変形しやすく，たとえ質量が一定であっても形状にばらつきがあることに留意すべきである．

**b. 定義の問題** モデルの問題と似ているのが，物理量をどう定義するかという問題である*．長さ・大きさについていえば，もし境目がぼやけていれば，定義をしない限り値が定まらない．ぼやけている境目の代表例が雲である．背景との差が際立つ真夏の入道雲は別として，大抵は輪郭線を引くことが困難である．雲量の判断をいまだに気象台の専門家が行っているにはそれなりの理由がある．

画像解析で行う作業の一つに粒径分布の計測がある．図 2・2 の透過型電子顕微鏡（TEM）像がその例である．数ナノメートルの白金微粒子が炭素材料の上に乗っているのが見える．炭素材料に由来する縞模様が映り，炭素の厚みによって白金の鮮明さが影響を受けるが，燃料電池用なので致し方ない．目視で濃淡の境目を輪郭とし，球形とみなして直径を出すが，実は暗黙のうちに大きさを定義している．

図 2・2 の微粒子の中には何十個もの白金原子が詰まっている．教科書などで球が詰

---

\* 計測器の示す数値が物理量であるという笑い話がある．相撲の新弟子検査で，小柄な若者が"とにかく身長計が示す数字を大きくしよう"として取った滑稽な作戦が今でも語り草になっている．

まった結晶構造の絵を見かけるが，そのような画像を電子顕微鏡で得ることは本質的に不可能である．なぜなら，原子には表面がなく，電子が動き回っているだけだからである．そこで原子の大きさがどう定義できるかを考えてみよう．

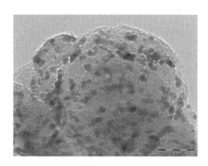

図 2・2　カーボン担持白金触媒の電子顕微鏡写真

原子には明確な境目がないのでその大きさは人間が定義してやらねばならない．波動関数が登場する前に提案された水素のボーア半径 $a_0$ は，もともと電子と原子核との間にはたらく力がつり合うという条件から導かれた．その後，波動関数の概念が導入されると，電子の位置 $r$ を，その確率分布（波動関数の絶対値の 2 乗）について平均したものと一致することがわかったのでその有用性が認識された．

原子の境目よりは，原子の中心，つまり原子核の位置の方が定義は明確である．X 線回折の有用性は，原子の位置が明確に決められることにある．原子間の間隔から原子の大きさを推測することができるが，電子雲がお互いに重なるので，希ガス原子でない限り，それをもって原子の大きさを定義するには難がある．

特に低温にして原子を動かないようにすれば比較的明確に位置を定義することができる．これに基づいて低温の X 線回折が測定されて電子密度の情報も得られるようになった．

[演習問題]

**2・1**［物理量］　次の量は物理量か．
(a) 1 歩の歩幅．
(b) ハロゲン分子の反応性．$F_2 > Cl_2 > Br_2 > I_2$ の順に小さくなる．
(c) $H + Br_2 \rightarrow HBr + Br$ の速度定数．
(d) たとえ気に食わなくても相手ののよいところをみつける能力．人間関係の構築にとって必須である．
(e) イオン化傾向．それが異なる金属を電解質溶液に浸せばボルタの電池ができる．
(f) 標準電極電位．水素電極におけるその値は 0 V（0 ボルト）である．

**2・2**［物理量の表現形態］　長さの表現について問題点があれば指摘せよ〔(d)以外は印刷物を想定〕．
(a) $l=15$　　(b) $l=15\,\text{cm}$　　(c) l=15 cm　　(d) ℓ=15 センチメートル

**2・3**［物理量の表現形態］　圧力の表現について問題点があれば指摘せよ．
(a) $P=0.1013\,\text{MPa}$　(b) $P=1.013\times10^5\,\text{kg/m/s}^2$　(c) $P=1.013\times10^5\,\text{kg m}^{-1}\,\text{s}^{-2}$
(d) $P=1\,\text{atm}$　(e) $P=760\,\text{torr}$

**2・4**［アルキメデスのユレイカ］　質量が同じ物体1と2がある．物体1は密度が既知である．それらを空中でつり合わせたあと，水に浸したらバーが傾いたので片方に錘（おもり）を加えてバランスを回復させた（図2・3参照）．

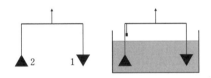

図2・3　アルキメデスのユレイカ

(a) これは絶対測定と相対測定のどちらか
(b) 物体2の密度はどう導出できるか

**2・5**［モデルの問題］　体重を計測したい．目的が次のようであればどう実施すればよいであろうか．
(a) 特定の個人の成長と体重変化の関係．
(b) 特定の個人の健康管理．
(c) 特定の個人について1日の体重変動．

**2・6**［定義の問題］　次の物理量を測定することについて意見を述べよ．たとえば，可能性あるいは意義の視点で．
(a) 雲が天空を覆っている割合．これを2桁の精度で求めること．
(b) 鉛筆の太さ．握りやすい数値を3桁の精度で求めること．
(c) 海岸線の長さ．海岸を実際に歩いて歩数の合計から求めること．

**2・7**［定義の問題］　図2・4(a)は切手シートのミシン目の顕微鏡写真である．真円

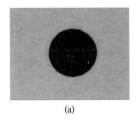　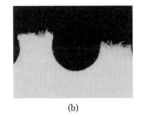

　　　　(a)　　　　　　　　　　(b)

図2・4　切手シートの顕微鏡写真．(a) 縦のミシン目
　　（直径約0.7mm），(b) 切り離したミシン目．

ではないが,円とみなした場合にあなたならの中心位置と半径をどう定義するか.

**2・8**［定義の問題］ 切手1枚の大きさ（縦と横の長さ）を定義したい.次の場合について意見を述べよ.図2・4(b)を参考にするとよい.
(a) 切手シートの中の切手について.
(b) 切手シートから切り離した1枚の未使用切手について.
(c) はがきに貼ってある切手について（ただし,破損はしていない）.

**2・9**［定義の問題］ ある地域に生えている数百本の樹木の太さを統計調査したいが,幹の断面は図2・5に例示するとおり,円ではない.幹の太さを特徴付ける"直径" $d$ を定義せよ.測定に際して樹木を損傷してはいけない.なお,道具が必要であれば説明せよ.

図2・5 樹木の断面

# 3

# 誤　　差

誤差の扱いを間違えるとあなたへの評価が毀損されるのでおろそかにしてはならない．

## 3・1　誤差をもった物理量
### 3・1・1　数

**a. 整　数**　まず数そのものについておさらいをしておこう．数学の立場からすると数には整数と実数がある．整数の部分集合である自然数は，ものを数えること（一つ，二つ，三つ，…）から生まれた．しかし，引き算をすると自然数は行き詰るので，ゼロ*を取入れ，さらに負数へと拡張しできたのが整数である．数直線上で表せば，整数は孤立して並ぶ"点"である．ふつうは黒い点で表すが，厳密に言えば点は大きさをもたないので目には見えないはずである．その意味では，皆さんがこれまで目にしてきた数直線の図にはごまかしがある．

整数同士の割り算は，整数の商と整数の余りで表される．たとえば，一月に100個のお餅を毎日食べたい．毎日何個食べられるかという問題では次のように解く．

$$100 \div 31 = 3 \cdots 余り7 \qquad (3・1)$$

つまり商が3，余りが7である．これは小学校低学年の算数で学んだことであるが（余った7をどうするかは算数の範囲を超える），Excelで再現するにはINT関数とMOD関数が必要である．もしA1セルに100，B1セルに31があれば商と余りはそれぞれ=INT(A1/B1)，=MOD(A1,B1)で得られる．

**b. 実　数**　数学でいう実数には有理数と無理数がある．有理数は循環小数である．数直線上で実数は連続して存在するので，どのような区間についても無限に存在する．

例として円周率 $\pi$ を取上げよう．これは典型的な無理数であり，どのような分数でも表すことはできない．コンピューターの性能を表す指標としてどこまでの桁数まで計算できたかがよく取り沙汰されるが，そこでは級数計算を実行している．しだいに真の値に近づいているが，永遠に真の値に到達することはない．

円周率を3とすることがゆとり教育で採用された．この値は真の値3.1415926…から

---

*　ゼロは，数の表現や計算の効率化を通して文明の発展に大きく寄与した．

5%ほど小さい．πに比例する計算式であれば結果も同じ割合だけ小さくなるが，一般の場合には誤差の伝播の考え方に基づいて見積もる必要がある．

円周率3は確かに計算が楽であるが，欠点として厳密な3との違いが曖昧になることがあげられる．3が現れる計算の例として円錐の体積があるが，円錐の体積は円柱の体積の $\frac{1}{3}$ であって $\frac{1}{\pi}$ ではないとの念押しが必要かもしれない．

ゆとり教育以前に用いられていた3.14では真の値より0.05％小さい．大抵の計算ではこれで十分であるが，ExcelではPI()関数を用いるとよい．便利であることもさることながら，余計な誤差が入らないようにするためである．

欧米では $\frac{22}{7}$ を筆算に用いていたとのことである．これは真の値より0.04％大きい（§8・1・1節参照）．桁数が少ないので計算は楽かもしれないが，πを含む計算であることを明確にしておかないと不要な混乱を招きかねない．

### 3・1・2 現実の数値

**a. 現実の整数** 統計学にせよ誤差論にせよ，現実の問題を解決するところに存在意義がある．そして現実に扱う数値は，数学でいう整数や実数とはやや趣が異なる．まず，整数についていえば個数との対応づけが依然として基本である．そして，個数はまったく同じものを数えた結果であるべきである（たとえば紙幣の枚数）．しかし，現実には同じとみなせるものの個数であることが多い．たとえばリンゴが3個というとき，それぞれのリンゴの重さは微妙に異なる．もし品種を気にするのであれば，津軽が1個，王林が1個，紅玉が1個のように表現しないとクレームが出るかもしれない．

同じか同じでないかを区別しないととんでもないトラブルに巻き込まれることがよくある．出荷した工業製品の出荷品に不良品が紛れ込む事例はその典型である．特に出荷したあとで露見すると金銭的にも大きなダメージを受けることになる．

前述のお餅の例についていえば，逆に同じでないことを活かすことができる．お餅は大きいシートから切り出すので，角や端から取れた小さいものも混ざっている．そこで，たとえば，小さいお餅2個で1個分とすると余りの7をゼロにできるかもしれない．そのためには最初にお餅の大きさの分布を調べておく必要がある．

**b. 現実の実数** まれにπ=3.14…を何万桁も記憶できる人がいるが，有限桁（たとえば $3.14\cdots a_{n-1}a_n$ まで）である限りその数はπそのものではなく，常に"次の桁は何？"がつきまとう．言い換えれば $3.14\cdots a_{n-1}a_n000\cdots$ と $3.14\cdots a_{n-1}a_n999\cdots$ との範囲内にある実数までしか絞り込めない．

これは無理数だから起こる問題であるが，有理数であっても"次の桁は何？"は依然としてつきまとう．違うのは答えを知っているということだけであり，たとえ知っていても有限桁で打ち切ってしまえば，やはりある範囲に絞込まれることになる．

有限桁の問題が端的に現れるのが測定値である．例として実数の1を取上げよう．

1.0 cm にせよ 1.00 g にせよ，小数点以下にくる 0 は有限の桁数までしか実際にはわからない．
　このような性質をもった実数を数直線上で表すと"大きさをもった点"になる．有限桁の範囲で確かな値のところに点の中心がくる．そして，あいまいさの程度が点の大きさで表現できる．ただし，あいまいさをもった点を明確な円で表現することには無理があるので，点よりは夜空の一等星を思い描く方がよいかもしれない．

**c. 実数値における不確かさ**　　現実の実数値は常に有限桁である．その原因の一つは，測定そのものが有限の精度をもっていることによる．そこで得られる数値は，有限の桁数の有理数であり，その範囲を超えた桁は不確定である．これは先に述べた"次の桁は何？"と状況は同じである．
　もう一つの原因は測りたい量そのものに不確かさがある場合である．これは定義の問題でもある．これを図 3・1 の膜厚測定で説明しよう．この図では表面の凸凹が誇張して描かれているが，単一の実数で表現することはできない．図では，平均値，平均値の不確かさ，膜厚変動の上限と下限の三つが示してある．これらの量は，膜のあちこちで厚さを測れば算出することができるが，具体的な処理法はこのあとの章で説明していく．ここでは不確かさの意味について注意を喚起しておこう．

図 3・1　膜厚に伴う不確かさ

　さて凸凹の度合いは大きく分けて二つの定義ができる．RANGE：膜圧の変動幅は "$2a$ の範囲に完全に収まる" とするか，ERROR：平均値からのズレの大きさを "平均すれば $2b$ である" とするかの選択肢がある．おおむね $a$ は $b$ の 2 倍である．
　前者の RANGE 値は直感的でわかりやすい．物差しで長さを読み取る場合も "この範囲にある" と判断する方が楽である．また，工業製品の品質保証という点では，この範囲を超えてはならないという基準設定は大いに意味がある．
　しかし，統計学で重要な不確かさは，むしろ ERROR の方である．この理由は，$b$ が正規分布の誤差パラメーターに近いからである．

**d. 誤差の表現**　　物理量 $N$ には必ず誤差（error）が含まれる．誤差は**不確かさ**（uncertainty）ともいう．誤差が含まれていることを陽に表現するには，

$$N = (N_0 \pm \Delta N) \times 10^p \tag{3・2}$$

とする．ここで $N_0$ は**最確値**（most probable value）であり，**最尤値**ともいう．大抵の場合，測定値から平均操作によって得られるので**平均値**（average）といっても構わない．$2\Delta N$ は誤差の大きさ，$p$ は整数のべき指数である．通常，$\Delta N$ は有効数字 1 桁とする．

$N_0$ しか記載のない測定値がしばしばみられる．この場合，$\Delta N=0$ ではなく，$N_0$ の最後の桁が $2\Delta N$ であると解釈する．たとえば，$N=3.45$ であれば $2\Delta N=0.01$ である．したがって，$N=3.450\pm0.005$ と同じ意味になる．$N_0$ の最後の有効数字がゼロの場合，たとえば 34500 では精度があいまいである．$34500\pm50$ のつもりなのか $34500\pm5$ のつもりなのかわからない．できる限り式(3・2)の形式で表すべきである．

式(3・2)の形式は**絶対誤差**の表現形式である．これに対して**相対誤差**の表現形式は，

$$\Delta q = \frac{\Delta N}{N}$$

として，

$$N = N_0(1\pm\Delta q)\times 10^p$$

と表現する．$\Delta q$ は小数であるが，%($10^{-2}$) あるいは ppm($10^{-6}$) で表すこともある．

**e. 誤差のグラフィック表現**　　グラフの上でデータの誤差を示すのによく用いられるのが**エラーバー**（error bar）である（図3・2）．データ点から上下（あるいは左右）に $\pm\Delta N$ だけ伸びた線分が誤差の目安となる．エラーバーを示さない場合にはデータ点の大きさが暗黙のうちに誤差の目安となる（図3・2c）．誤差が大きいのに小さな点を打つと読み手に誤解を与えかねない．

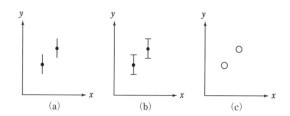

図3・2　誤差の表現．(a) おすすめ，(b) 一般的，(c) 暗黙に．

**f. 基本物理定数**　　電気素量 $e$，アボガドロ定数 $N_A$ などは基本物理定数である．このなかには真空の透磁率のように定数で定義されるものもあるが，たいていは実験によって求められる．これらの値については $\Delta N$ が複数桁になっていることが多い．定数のはずなのに誤差があるのは自己矛盾のような気がするが，異なった測定者・研究機関からの測定データに基づき，それらの誤差を勘案して決められているからである．新しいデータが報告されれば $N_0$ も $\Delta N$ も更新される（参考文献2参照）．たとえば，アボガドロ定数は次に示すようにしだいに桁数が上がってきている．かっこ内の数値は $N_0$ の最後につけ加えるべき $\Delta N$ の値を示している．

$$N_A = 6.022\,136\,7\,(36)\times 10^{23}\,\text{mol}^{-1} \quad (1991\,\text{年}) \quad (3\cdot 3)$$
$$= 6.022\,57\,(9)\times 10^{23}\,\text{mol}^{-1} \quad (1961\,\text{年}) \quad (3\cdot 4)$$

### 3・1・3 誤差の実際的意味

おそらく誤差の概念は，もの作り，つまり手工業製品を製造する中で生じたのであろう．その典型が軸と軸受けである．軸の直径が，ある範囲内にないと回転や移動がスムーズに行かない．旋盤工は，式(3・2)の範囲内に収まるようにという指示を受けたのであろう．あるいは，記号（▽の数）でもって工作精度の指示を受けたのであろう．旋盤工はノギス（図3・7参照）を使って直径を読み取り，問題なければ製品を出荷する（図3・3a）．

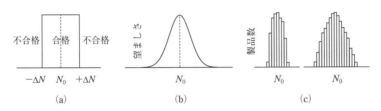

図3・3 統計的概念の発達．(a) 厳格な工作精度指示，(b) 柔軟性のある工作精度指示，(c) 納入品のばらつき．

この段階では式(3・2)の表現には許容範囲という意味があった．今でもそのような意味合いで使うことがある．

しかし，たとえば2.34±0.01とあった場合にその範囲をほんのわずかでも超えた2.351は本当にだめなのだろうかという疑問が生じる．それよりは，範囲に一種の柔軟性をもたせる方が実際的である（図3・3b）．図の釣鐘の頂上に近いほど望ましいが，離れていても低価格製品で使い道がある．釣鐘の頂上に近いほど経済的価値が高いといえる．

事業規模が大きくなると複数の事業所から製品が納入される．そして技術の優劣を直径データの平均値とばらつき具合から判断する．平均値が$N_0$に近く，ばらつき具合が狭いほど技術力が高いことになる（図3・3c）．

以上をまとめれば，産業革命に伴う品質管理の目的で統計学が発展したというのが筆者の考えである．

実は図3・3(c)の統計的評価は，われわれも暗黙のうちに行っている．たとえば，あそこのお店で売っている果物はいつもおいしいとか，この店はあたりはずれが大きいとか，横軸に評価の指標，縦軸に頻度を取った統計処理は，気がつかないうちにやっているものである．

## 3・2 誤差を確率変数とみなす
### 3・2・1 確率変数の意味

誤差を含む演算をするうえで都合のよい考え方は，誤差を**確率変数**あるいは**ランダム**

変数とみなすことである(参考文献4参照).確率変数は,値を調べるたびに異なる答えを返す変数であるが,何度も調べれば図3・3(c)に示すような統計分布が明らかになる.統計分布としては,正規分布が多い.通常の変数が明確な値をもつのとは大いに異なるので,本書では太字の **x** で表すことにしよう(ベクトルの意味はまったくないので注意してほしい).誤差の場合は,平均値 $\mu$ からわずかに変化するだけであるから $\delta$ 記号をつけて,

$$x = \mu + \delta x \tag{3・5}$$

のように表現することができる*.式(3・5)の平均を取れば,

$$\bar{x} = \overline{\mu + \delta x} = \bar{\mu} + \overline{\delta x} = \mu + \overline{\delta x} \tag{3・6}$$

ここで,和の平均は平均の和に等しいことを用いた.$\bar{x}$ と $\mu$ は一致するから,

$$\overline{\delta x} = 0 \tag{3・7}$$

が導かれる.この関係は,$\delta x$ がどのような統計分布に属するかに依存せず成り立つ.

式(3・5)の意味は,$x$ を観測すればそのたびに異なる値が得られるということである.そしてもし値が(見かけ上)一定であれば,それは $\delta x$ のランダム性が小さいからであるとみなす.現実に $\delta x$ がどのようにランダムであるかを調べることは容易ではないが,コンピューター上では乱数関数を用いることで可能になる.これについては第8章で扱う.

しかしながら,式(3・7)は自明な式ではない.というのは,無限回の測定であれば成り立つ(とわれわれは信ずる)が,有限回の平均では必ずしもゼロにはならない.したがって,"平均の誤差" という問題提起が意味をもつ〔式(5・25)を参照〕.

次に測定値と平均値の差の2乗を平均してみよう.

$$\overline{(x-\mu)^2} = \overline{(\delta x)^2} \tag{3・8}$$

である.この平均量を $x$ の **分散** $\sigma_x^2$ という.つまり,確率変数の二乗平均には,

$$\overline{(\delta x)^2} = \sigma_x^2 \tag{3・9}$$

という統計的性質がある.$\sigma_x^2$ は $\delta x$ がどのような統計分布に属するかに無関係に定義できる.分散の平方根 $\sigma_x$ を **標準偏差** という.$x$ についての量であることが自明であれば添え字の $x$ を省いてもよい.

分散あるいは標準偏差を有限個の測定データから推定することができる.また,有限個の平均については,"標準偏差の標準偏差" という問題提起が意味をもつ.

$x$ が式(3・5)のような性質をもっていることを便宜的に表現する記法として,

$$x = \bar{x} \pm \sigma \tag{3・10}$$

---

\* 変数そのものについては,ランダム性を強調するのでなければ細字のままで表わすことにする.

がよく用いられる．この式は，暗黙のうちに $\delta x$ が標準偏差 $\sigma$ の正規分布に属することを前提としている．式(3・10)には，"この範囲内に変動が収まる"という意味はないので注意が必要である．その目的には $\pm 2\sigma$ で表記すべきであるが，誤解を招かぬように $\pm$ の意味について注釈が必要である．

### 3・2・2　$n$ 組の確率変数の平均と分散

同じ確率分布に従う確率変数を $n$ 回測定して $x_1, \cdots, x_n$ の組が得られたとする．各変数は，式(3・5)にならって，

$$x_k = \mu + \delta x_k$$

とおくことができ，$\overline{\delta x_k} = 0$，$\overline{(\delta x_k)^2} = \sigma^2$ を満足する．ここでの平均操作は確率分布について，言い換えれば無限回のサンプリングについて，実行する．

さて，これら $n$ 個のデータについての平均を

$$\langle x \rangle = \frac{x_1 + x_2 + \cdots + x_n}{n}$$

とする．この平均値 $\langle x \rangle$ は測定のたびにばらつくから一種の確率変数である．次にそれら $n$ 個のデータについて分散を計算する．その平均（無限回）を取ると

$$\frac{1}{n-1} \overline{\sum_{k=1}^{n} (x_k - \langle x \rangle)^2} = \sigma^2 \qquad (3 \cdot 11)$$

の成り立つことが証明できる（演習問題 3・12 も参照）．分母に $n-1$ が現れることの意味については §5・4・1 であらためて取上げる．

### 3・2・3　誤差の独立と誤差の伝播

第 9 章で改めて取上げるが，確率変数の基本的性質を説明しておこう．まず，二つの物理量 $x$ と $y$ が統計的に**独立**であるということは，おのおのがもつ誤差 $\delta x$ と $\delta y$ の統計が独立していることを意味する．たとえば積の平均であれば互いに平均を別々に取って，

$$\overline{\delta x \delta y} = \overline{\delta x} \cdot \overline{\delta y} = 0$$

である．もし統計が独立でなければ相関の概念が必要になる．

次に**誤差の伝播**とは，もし求めたい量が測定値を含む演算で得られるならば，測定値の誤差が結果に反映されることをいう．たとえば球の直径 $d$ を計って体積 $V$ を求めるのであれば，$V = \frac{\pi}{6} d^3$ であるから誤差を考慮すれば，

$$\overline{V} + \delta V = \frac{\pi}{6} (\overline{d} + \delta d)^3 \qquad (3 \cdot 12)$$

である．誤差を 1 次の項まで展開すれば，

$$\delta V = \frac{\pi}{2}(\bar{d})^2 \delta d \qquad (3\cdot 13)$$

である.式(3・9)により,体積の誤差(標準偏差)は直径の誤差に表面積の半分*を掛けた値に等しい,というのが式(3・13)の意味である.これが最も単純な誤差伝播の一例である.

さて,式(3・13)は微分の関係と同じであり,誤差が小さい場合に成り立つ.しかしながら測定誤差が大きくなると $\delta d$ の統計の吟味が必要になる.たとえば,汚れているか錆びている鉄球では $\delta d$ が正の方向に偏る可能性が高い.その場合,さらに高次の項 $2\pi\bar{d}(\delta d)^2$ の吟味が必要になる.本書ではそのような可能性は考慮せず,式(3・13)が成り立つという基本的な状況のみを考察の対象とする.

## 3・3 誤差の種類
### 3・3・1 本質的な誤差

現実の実数が無限の桁数の精度をもてないのはなぜかを,科学の立場から説明する.

**a. 量子力学** 量子力学には,その名もずばり不確定性原理がある.ハイゼンベルク(Heisenberg)が1927年に発見したこの原理は原子や素粒子の世界における基本原理である.これによれば,位置の不確かさ $\Delta x$ と運動量の不確かさ $\Delta q$ の間に,

$$\Delta x \Delta q \geq \hbar$$

という関係があり,位置と運動量(速さと考えてよい)を通して粒子の運動を完全に知ることはできない.あるいは位置か運動量のどちらかを精密に知りたければもう一方を知ることはあきらめねばならない.ここでプランク定数(Planck constant)$\hbar = \frac{h}{2\pi} = 1.0546 \times 10^{-34}$ J s である.もう一つの不確定性は,エネルギー $E$ と時間 $t$ の間に成り立つ.つまり,$E$ の不確かさ $\Delta E$ と $E$ の状態にある時間 $\Delta t$ との間に,

$$\Delta E \Delta t \geq \hbar$$

が成り立つ.発光寿命は $\Delta t$ の一例である.$E$ に不確かさがあることの意味は,原子から発せられる光のエネルギー分布に不確かさがあるということ,つまりスペクトルには必ず線幅があるということである(参考文献6参照).光のエネルギー $E$ と振動数 $\nu$ の間には $E = h\nu$ という関係があるから,$\nu$ の分布のようすを式で表せば,

$$f(\nu) \propto \frac{1}{(\nu - \nu_0)^2 + (\Delta\nu/2)^2} \qquad (3\cdot 14)$$

である.これはローレンツ(Lorentz)型分布とよばれている.ここで $\Delta\nu$ は線幅,$\nu_0$ は最確値であり,両者の比は,

---

\* 半分となる理由は,$d$ の誤差が球表面の凸凹(つまり,半径の誤差)の2倍であるからである.

$$\frac{\Delta \nu}{\nu_0} \geq \frac{1}{2\pi\nu\Delta t} \qquad (3\cdot 15)$$

と見積もられる．この比の値がきわめて小さいことを利用したデバイスが原子時計である．たとえば最初の原子時計であるセシウム時計では比の値が $10^{-10}$ 程度であった．原子時計によって"秒"の定義が精密になった．また GPS (global positioning system) が実用化され，それを利用したスマートフォンが当たり前の時代となった．

**b. 波動性**　画像測定では光や電子の波動性が不確かさを生じる．いわゆる収差（ボケ）である．互いに離れた2点がどこまで近づいたら一つに見えるかでもって解像度を定義すれば，その大きさは波長の半分程度である．半導体製造では光エッチングを行ってシリコン基板上にナノメートルの線を描くが，波長が短いほど細い線が得られる．また，単に光を絞って照射するのではなく，工学的工夫をこらしてさらに細い線が得られるようにしている．

**c. 雑音**　雑音は不確かさをもたらすが，雑音が入り込まない測定は事実上皆無といってよい．雑音の原因はさまざまである．電気計測では，導体中で自由電子の運動が不揃いであること（エネルギーの大きい電子がある割合で存在すること）や得体の知れない電磁波が常に飛び交っていて導線に誘導起電力を生じさせることが原因である．微弱光の計測では半導体センサーを冷却して雑音を極力減らす．この場合の雑音源は，元気のよい電子または正孔が電極間を不規則に流れることである．一般に温度を下げれば雑音は減るが，宇宙線も雑音源の一つなのでゼロにするのは不可能である．

## 3・3・2　測定装置がもつ誤差

測定は必ず誤差を伴う．前章（§2・2・2参照）で説明したように，たとえデジタル計測であっても，AD変換の分解能あるいは時間の分解能が有限であるために誤差が含まれる．

さて，測定装置のメーカーから提供される性能表にはたいてい誤差の記述がある．ただし，使用者は最適環境で装置を運転しなければならない．そのための注意点は，第一に動作温度である．計測器に内蔵されている半導体や振動子には温度特性があるので，動作温度は一定でなければならない．よく"電源を入れてから30分待ってからデータを取れ"というが，それなりの理由がある．

もう一つの注意点は雑音である．太いアース線が地面まで通っているかは点検しておくべきである．最近はプラスチック製の水道管・ガス管が増えたので，実験室が電気的に"浮いている"つまり，静電的電位が0Vになっていない可能性が高い．欧米のように3ピンの電源コネクター（そのうち1本はアース）を導入すべきである．また，"エレベーターから雑音が発生するので測定は夜行う"という研究室を知っている．微弱信号の測定ではそこまで気を使うものである．

そのほか，長い配線や引き回した配線では，浮遊容量や浮遊リアクタンスが予想以上に大きい可能性がある．また，自作の回路で信号のゆがみや雑音が抑えられないこともありうる．これらも誤差の原因となる．

そして忘れてはならないのが**校正**（calibration）である．計測器が示す値は本当に正しいのか，経年変化は起こしていないかについて折に触れて注意を向けるべきである．計測器によっては，校正法の記述があり，あるいはメーカーに依頼できることがある．校正が不十分であることに由来する誤差は，**系統誤差**とよばれる．

### 3・3・3 読み取り誤差

デジタル計測全盛であるが，アナログ計測器がなくなったわけではない．アナログ計測は，量を直感的に理解するうえでおおいに有意義なので，教育の場から消えることはなかろう．

アナログ量を読み取るということは，計測したい位置が目盛のどこにくるか，そしてそれがどこまで確かかを判断することである．勘違いを防ぐためには，最初に全体を見渡し，しだいに見る範囲を狭め，最後に隣接した目盛線を見る．たとえば，30 cm 定規で測る場合，1/3 辺りであれば 10 cm 辺りであることをおさえ，次に 8 cm と 9 cm の間，次に 8.3 cm と 8.4 cm の間にあることをおさえる．そして，隣接した 0.3 cm と 0.4 cm の目盛のどこにくるかを見極める．これは最確値（最尤値）を決める作業である．頭の中で目盛をいくつかに分割してどの辺りになるかを見ればよいから，経験によって手際よくこなせるようになる．最後にその値がどの程度信頼できるかを判断する．これは誤差を決める作業であるが意外に手間取る．

"最小目盛間隔の半分が誤差"という発言をしばしば耳にするが，頭の中で目盛を思い描けばもっと精度の高い読み取りができる．筆者が行っている方法は次のようなものである．

まず最確値を決める．慣れてくれば最小目盛のどこに位置するかがただちに読み取れるが，最初のうちは次に述べる**目盛分割法**で誤差とともに決めるとよい．

 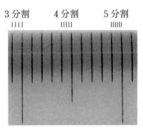

図 3・4 物差しの目盛をさらに細かく読む（$n=3$, 4, 5）．

さて，区間を $n$ 個に分割して線が引けたとする（図 3・4 参照）．そして，計測したい位置がそのうちの $m$ 番目とはぴったり合うが，$m-1$ 番目と $m+1$ 番目では合わない状況を思い描く．最も大きい $n$ の場合に得られた $m$ が最確値 $N_0 = \dfrac{m}{n}$ であり，誤差 $\Delta N$ が仮想的な目盛間隔の半分 $\left(\dfrac{1}{2n}\right)$ である．誤差をこう取れば，真の値が隣の $m$ 値にくることはほぼありえないことになる．先にふれた"最小目盛間隔の半分が誤差"とするのは $n=1$，つまりまったく分割しない場合に相当する．

この方式では分数表記が便利である．たとえば 8.3 cm と 8.4 cm の間を 2 分割して真ん中付近に測定対象があれば（単位を省略して），

$$8.3 + 0.1 \times \left(\frac{1}{2} \pm \frac{1}{4}\right) \quad \text{または} \quad 8.3 + 0.05 \pm 0.1 \times \frac{1}{4}$$

となる．もし最確値を直接読み取ったのであれば後者の表記になる．同様に 3 分割して二つ目にあれば，

$$8.3 + 0.1 \times \left(\frac{2}{3} \pm \frac{1}{6}\right) \quad \text{または} \quad 8.3 + 0.07 \pm 0.1 \times \frac{1}{6}$$

のように表記できる．

おそらく小学校や中学校で誤差を教えるにはこの考え方がわかりやすいと思われる．しかしながら，"そもそも誤差は不確かな量なのにそれが何桁も続くのはおかしい"という批判が殺到するに違いない．"何桁も続く"のは 10 進法を採用しているからであって本質的な意味はないが，現在の標準的スタイルにはそぐわない．

結論をいえば，$n=4$ か $n=5$ として読み取れないか，まず試みる．$n=10$ は，おそらく細かすぎるであろう．読み取りが困難であれば，$n=3,2$ と粗くする．$n=1$ は誤差を考慮しなくてよい場合にのみ採用する．そして誤差 $\dfrac{1}{2n}$ を基本とし，状況に応じて適宜大きくする．

なお，ここでの誤差は読み取りに限定した誤差であり，実際には複数の誤差が加わってくることを注意しておきたい．

**a. 長さの計測**　　物差しのように目盛が等間隔になっている計測器を用いる場合，$n=4, 5$ として計測できる．ただし，端点 2 箇所で測定する（そのうちの一つは原点に合わせる）ので両方の誤差を足し合わせる必要がある．両方の誤差が同程度であれば $\sqrt{2}$ 倍する（誤差の伝播）．

副尺つきの計測器であるノギス（図 3・7 参照）を用いれば読み取りの精度を上げることができる．さらに精度を上げたければマイクロメーターを用いる．

**b. 電気抵抗の計測**　　電気抵抗あるいは電圧を測定することは，電気工学に限らずさまざまな分野で必要なスキルである．図 3・5 のアナログテスターは抵抗測定以外では電池を必要としないので簡便な計測器である．図 3・5(a) は，シャープペンシル（B，0.5 mm）の芯の電気抵抗 $R$ を測っている様子である．棒の先との間で接触抵抗が

生じて抵抗値が変動しがちなので，できればみの虫クリップでしっかりはさんで測定する方がよい．(b)がテスターの全面であり，測定レンジは×1Ωに選んである．また，ゼロオーム（ショート）で針が正しく0Ωを示すように調整するつまみ（0ΩADJ）が見えている．(c)は針の位置の拡大図である．抵抗目盛は等間隔でないが，隣り合った目盛の間なら線形と考えてよい．10.5と10.0の間を5分割して10.4と読み取ることができる．10.5でも10.3でもないので$\Delta R=0.05$である．これは読み取り誤差である．

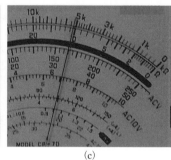

(a)　　　　　　　　　(b)　　　　　　　　　(c)

図3・5　アナログテスターによる電気抵抗の測定

しかし，読み取り誤差だけでは誤差を過小評価する可能性が高い．なぜなら，0Ωと原点（∞Ω）の調整段階で誤差が入り込むからである．誤差は二乗和できいてくるので，おのおのの誤差が同程度であると仮定すれば$\sqrt{3}$倍になって，$R=(10.4\pm 0.1)$Ωと結論できる．

## 3・4 不確かさをめぐる話題
### 3・4・1 完全に知ることができれば不確かさは存在しないか？
理工学では，完全に知ることはありえないので愚問であるが，社会統計であれば対象者すべての状況を知ることが，少なくとも原理的に可能である．たとえば役員会でAとBのどちらを会長に選出するかというケースである．その場合，不確かさは存在しないのであろうか．

筆者の考えでは，不確かさが存在する．投票者の気分・会議の雰囲気・会社を取巻く状況によっては票数にぶれが生じる．投票結果は確定してはいるものの，ある程度の不確かさがあるとみるべきであろう．だからお家騒動が起こるわけである．

### 3・4・2 間違えたかもしれない測定
データがいくつか得られたなかに一つだけはずれた値が入っていることにあとで気づくことがある．もし実験をやり直すことが可能ならば，その値がないものとして新しい

データを取得するべきであろう．しかしながら，再度そのような値が得られれば"もしかすると間違っていたと思ったのは誤解だったかもしれない"と不安に襲われるであろう．また，自分に気に入るようなデータを意図的に選別しているのではないかという気にもなる．実験データを捨て去ることは意外と難しい．

ここではショーブネ（Chauvenet）の判断基準を紹介しよう（参考文献1参照）．データセットの確率分布を推定する．具体的には正規分布を仮定し，平均値と標準偏差を求める．そして，怪しいと思えたデータをサンプリングする確率と現れる回数の期待値を計算し，その値が1/2より小さければ不自然なデータとみなして捨て去る．

### 3・4・3 デジタル表示の差

デジタル計測ではアナログ量を十分な精度で数値化することを前提としているが，そうでない例としてデジタル時計がある．たいていのデジタル時計は1分ごとに表示が変わる．スマートフォンもそうである．そこで，自宅から目的地までの所要時間（30分程度）をスマートフォン表示値の差

$$t_i = T_{\text{goal},i} - T_{\text{start},i} \quad (i = 1, \cdots, n) \tag{3・16}$$

でもって算出する．スマートフォンをじっと見ていれば，時刻表示が変わってすぐか，もうじき変わりそうかの見当がつくので時刻表示の前半（30秒以内）か後半かの情報も付加できるが，ここではスタート時とゴール時に1回だけちらっとスマートフォンを眺めることにしよう．そして，標準的処理として平均と標準偏差を計算する．

しかし，この場合，スマートフォンの表示時刻の誤差分布が正規分布にならないことを考慮しなければならない．たとえば12:34という表示があれば，$T_{\text{start}}$=12:34:00から12:34:59まで一様に分布すると考える方がよい．そして到着時刻についても，もし12:56と表示があれば$T_{\text{goal}}$=12:56:00から12:56:59まで一様に分布すると考えられる．二つの時刻表示の差を取れば$t$=22分である．

次に$t$の不確かさを検討してみよう．差が取りうる値の範囲は，スタートとゴールの限界より$-60$s（$-60$秒）と$60$sの間である．差がゼロになるのは$T$が同じ秒数だけ経過した場合であるから最も確率が高い．実は三角分布をすることがコンピューター実験で示される（§8・3・4参照）．

### 演習問題

**3・1** [原子時計] セシウム時計で用いる光（マイクロ波）の振動数は約92 GHzである．式（3・14）の比の値が$1\times10^{-10}$であれば$\Delta t$の値はどれだけか．なお，等号が成り立つと仮定してよい．

**3・2** [物差しで測る] 30 cmの物差しで1 mmの1/5まで読み取れる．これは何ビッ

トの AD 変換精度に相当するか.

**3・3 [何で測る?]** マラソンコースは 42195 m の距離とされている. 誤差が ±0.5 m, つまり 1 m であれば*何ビットの AD 変換精度に相当するか.

**3・4 [物差しで測る]** 物差しをクリップにあてがったところ図3・6のようになった. 長さ $l$ の値を答えよ.

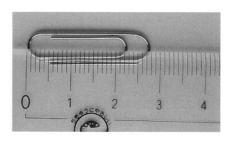

図3・6 物差しで測る

**3・5 [副尺を読む]** 1円玉をノギスではさんだら図3・7のようになった. 直径 $d$ の値を答えよ. なお, 副尺の目盛線 (下側) は $\frac{1}{20}$ mm ごとに 20 本引いてある. 被検体の長さが主尺の mm 位置にぴったりくれば, 副尺の一番左の目盛が (そして一番右の目盛も) 主尺の目盛と一致する. 被検体の長さが $\frac{1}{20}$ mm 長くなるごとに主尺の目盛と一致する副尺の目盛も右にずれていく. もし副尺の 8 (つまり 16 個目の目盛) のところで主尺の目盛と線が一致すれば, 小数点以下の長さは $16 \times \frac{1}{20} = 0.8$ mm である.

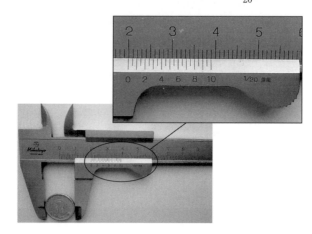

図3・7 ノギスで測る

**3・6 [テスターを読む]** シャープペンシルの芯の抵抗をテスターで調べたら図3・8

---

\* 歴史的理由のために, ロードレースの一般誤差 1/1000 より細かい表示値になっている.

のとおりであった．抵抗値を答えよ．なお，測定レンジは×1Ωである．

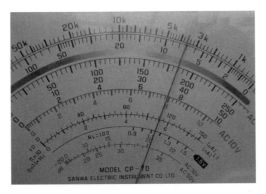

図3・8 テスターを読む

**3・7**［繰返し測定］ 物差しを用いて1円玉の直径 $d$ を何度も計ったら常に1.95 cm という値を読み取ることができた．このことから誤差はゼロとみなしてよいか．

**3・8**［公称値］ 官製はがきの縦 $a$ と横 $b$ を物差しで測ったら148.1 mm×99.9 mm であった．一方，ウェブサイトには148.0 mm と 100.0 mm と出ている．そこで $a$ の誤差を+0.1 mm, $b$ の誤差を−0.1 mm と見積もった．この推論について意見を述べよ．

**3・9**［誤差と定数を含む計算］ 楕円の面積は $S=\pi ab$ で求められる．長径 $a$ の測定値は(100±1) mm, 短径 $b$ の測定値は(10±1) mm であった．$S$ を具体的に計算するにあたってどちらの考え方が最もよいか．
(a) 最も精度が低い $b$ に合わせて $S=(3.1±10\%)(100±10\%)(10±10\%)$ とする．
(b) おのおのの誤差はそのままにし，$\pi$ は電卓またはExcelの円周率をそのまま用いて $S=3.1415926\cdots×(100±1\%)(10±10\%)$ とする．

**3・10**［誤差と定数を含む計算］ 問3・9をさらに進めよう．長径 $a$ の測定値が(100±10) mm, 短径 $b$ の測定値は(10±1) mm であった．$S$ を具体的に計算するにあたってどの考え方が最もよいか．
(a) 最も精度が低い $b$ に合わせて $S=(3.1±10\%)(100±10\%)(10±10\%)$ とする．そうすれば結果も自動的に10%の精度となる．
(b) おのおのの誤差はそのままにし，$\pi$ は電卓またはExcelの円周率をそのまま用いて $S=3.1415926\cdots×(100±10\%)(10±10\%)$ とする．最後に10%の誤差を明示する．
(c) おのおのの誤差はそのままにし，$\pi$ は電卓またはExcelの円周率をそのまま用いるが，$S$ の誤差には誤差伝播の考え方に従って14%の誤差を明示する．

**3・11**［数の表現］ 1/3を2進法で表現すれば無限小数になること，3進法で表現すれば有限小数になることを示せ．

**3・12**［確率変数］ 式(3・11)を証明せよ．

# 4 サンプリングと確率分布

実験によって測定対象を知ることは,データをサンプリングし,その分布を調べることである.抜き取り検査を連想するがそれに限らず,とにかく実験データを得ることがサンプリングである.

## 4・1 測定するということ
### 4・1・1 ランダムサンプリング

ある物理量が測定によって得られたとしよう.統計学では,この物理量が属する**統計集団**から**サンプリング**(sampling,**抽出**)によってたまたまこの値が得られたと解釈する.たまたまを強調するために**ランダムサンプリング**(**無作為抽出**)ともいう.

統計集団を視覚化すれば図4・1のようなデータの入った箱になる.これに比較的近いのが,微小な取出し穴のついた温度$T$の気体容器である.穴から気体分子を一つずつ取出せば(物理的サンプリング)分子速度が実測できるが,データだけに着目すれば統計的サンプリングである.実際,測定を重ねれば分子速度に対する**度数分布**が得られる(参考文献6参照).この例ではサンプリングの対象が分子という実体であったが,統計的サンプリングにはモノを取出す意味合いはなく,たとえば所定の速度の分子が通ったら合図のパルス信号が得られる実験であっても,やはりランダムサンプリングである.この場合,データは時刻あるいは所定の時間内のパルス数である.

さて,このような物理学的視点が確立する前から,統計学はモノや人の集団がもつ属性(ばらつきや人口)を対象としてきた.そして,統計集団の代わりに**母集団**(population)という用語を用いている.

母集団の特性は,物理量の**確率分布**(probability distribution)から知ることができる.実験科学では母集団からサンプリングによってデータを取得し,その結果から確率分布を推定する.その第一の手掛かりが,データの平均値と広がり具合(標準偏差)である.

**a. 離散データのサンプリング** 図4・1は離散データのサンプリングを図式的に表現したものである.箱は測定対象であり,ボールはデータである.ボールの数はきわめて多い.測定するということはボールを箱から無作為に取出すことである.取出した

ボールを色ごとに区分けして箱の中のボールの分布を推定する．取出す個数がボールの個数に比べてごくわずかなので，サンプリングをしても分布そのものには影響を与えない．図ではボールの分布が不変であるかのように見えるが，実際には温度などの実験条件によって分布が変わる．

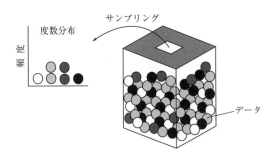

図4・1　離散データのサンプリング

**b. 時系列データのサンプリング**　　図4・1のいわば静的サンプリングから動的サンプリングへと，理論的展開を進めるにはランダム性を雑音にたとえるのが便利である．図4・2はその考え方に沿ってランダムサンプリングを図式化したものである．この場合も度数分布を考えることができる．

図4・2はオシロスコープ波形に似ているので，曲線上のすべての情報が測定者に伝わるような誤解を与えかねない．そうではなくて，実際に測定者が知ることのできるのは，サンプリングして得られた三つのデータのみである．

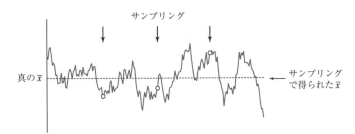

図4・2　時系列データのサンプリング

(**参考**)　理工学ではサンプリング（sampling，サンプルを得ること）という言葉の存在感が大きい．**シャノン（Claude Shanon）のサンプリング定理**は通信工学の基本であり，信号を周波数 $f_{max}$ まで忠実に再現するためには $\Delta t = \dfrac{1}{2f_{max}}$ 以下の間隔でサンプリングせねばならない．また，図4・3のサンプリングオシロスコープは繰返し現象を高速で観測するのに必須の測定器である．黒丸の大きさがAD変換に要する時間を表し，AD変

換に要する時間よりも早くサンプリングを行うことができる．これらのサンプリングを抽出と訳す*1 と違和感が感じられるのではないか．

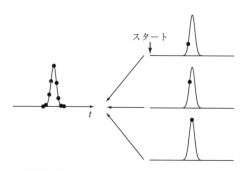

図 4・3 繰返し現象をサンプリングオシロスコープで観測する．

### 4・1・2 アンサンブルサンプリング

**アンサンブル**とは統計集団のことである．先に取上げた気体分子の集まりはアンサンブルである*2．投票者の集団・出荷製品の集団など，社会統計や経済統計でしばしば実施される．手法はアンケートや投票であり，サンプリングではなく抽出とよぶ方がしっくりとくる．

図 4・2 との関連性をみるために，次の思考実験をしてみよう．図のデータを図のサンプリング間隔より十分早く AD 変換を行い，その値を順に空間に並べていく．そのうえで統計集団に対して有限個のサンプリングを行う．解析の対象となるデータは

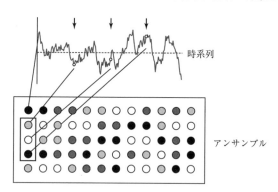

図 4・4 アンサンブルサンプリング

---

*1 化学を学んだ人であれば，ソックスレー抽出器を用いた溶媒抽出をまず思い浮かべるに違いない．
*2 温度が指定されているので，カノニカルアンサンブル（正準集団）という．

図4・2でも図4・4でも事実上同一であり，測定者が得た情報はこの場合も三つである．

この思考実験は荒唐無稽に思えるが，物理学ではエルゴード性として知られた原理がある．温度が一定の統計集団において，特定の分子の時間平均を取ることは，ある瞬間にその集団に属する分子すべてについて平均を取るのと同等であるというのである．

### 4・1・3 データを仕分ける

サンプリングしたあと，つまり有限回の測定から対象についての情報を得たあと，データを整理する必要がある．実験によっては平均値とその誤差がわかれば十分というものがあるが，それでは情報が失われてしまう場合がある．一例が$\gamma$線の波高分析である．1個1個のパルスがどのようなエネルギーをもっているかを調べてそれを仕分けることによって$\gamma$線がどのような核種から発せられたものかを推定することができる．この仕分け作業を図式化すると図4・5のようになり，パルス高さに対応した**仕分箱**（bin, ビン）の度数を一つずつ増やす．図では箱1～箱5までしかないが，実際には2048個まで可能である．そして仕分箱の度数を棒グラフにすれば**ヒストグラム**（histogram, 度数分布図）ができる．

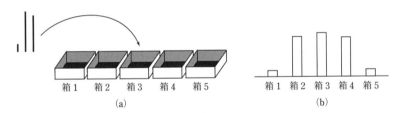

**図4・5** データを仕分ける．（a）仕分箱に仕分ける，（b）ヒストグラムをつくる．

それぞれの仕分箱の範囲，つまり分解能は共通であっても違っていても構わない．分布関数の形状を推定するためにはすべての仕分箱の範囲が同じでないと不便であるが，実用性を優先するのであれば度数が少ない範囲をまとめる方がよい．おおむね仕分箱の中に5個以上あることが好ましい（カイ二乗分布の章を参照）．たとえば変数の範囲が$-\infty<x<\infty$であれば，$x<a$と$b<x$をそれぞれ一つの仕分箱にまとめ，$b<x<a$を有限個の仕分箱に分割するのが現実的である．

データが仕分箱の領域の境界にくることがある．その場合，仕分箱の範囲を○○以上△△未満としてどちらかの仕分箱に入れてもよいが，もし平均を計算するのであれば，隣接した仕分箱に0.5ずつカウント配分する方がより正確である．そして，仕分箱の代表値は仕分箱の真ん中の値になる．

### 4・1・4 度数分布の特徴

$x$ のデータ $n$ 個を仕分けたならば**度数分布**の特徴を記述する必要がある．次の三つがよく言及される．

［平均（average）］ $\bar{x}$ で表す．具体的な計算は次章で行うことにしよう．

［モード（mode）］ 最も度数の大きい仕分箱あるいはその代表値．"はやり"という意味のファッション用語でもある．

［メジアン（median）］ 分布の上端と下端から数えて真ん中のデータがもつ $x$ の値，あるいは仕分箱の代表値．

## 4・2 確率分布関数

### 4・2・1 度数分布から確率分布関数へ

サンプリングの回数は有限であるが，もし永遠に続けることができたら度数分布は，ある関数に収束すると考えられる．それが**確率分布関数**，あるいは確率分布 $P(x)$ である．理論度数分布といってもよい．この関数の中には整数を変数とする不連続関数も含まれている．

いずれにせよ，母集団の確率分布であるから，現実には知ることができない．いわば神様のみが知っている分布であるが，コンピューター実験では理論度数分布が既知であるとして測定データを生成させることができる．ここでいう生成とは，データの個数だけ乱数を発生させることである（第8章参照）．

実際の度数分布は測定のたびに異なる形状を取るが，その背後にある理論分布 $P(x)$ は数種類に分類できる．分布の違いは $P(x)$ に含まれるパラメーター値の違いに帰着される．これが統計学の基本原理である．図4・6はこの関係を図解したものである．確率分布関数の横軸は物理量 $x$ の大きさであり，縦軸 $P$ はそれが観測される確率である．そして $\mu$ と $\sigma$ は分布を特徴づけるパラメーターであり，モーメントに基づいて定義される．

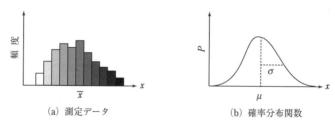

(a) 測定データ　　　(b) 確率分布関数

図4・6　度数分布から確率分布関数 $P(x)$ へ

### 4・2・2 確率分布関数の特徴

 理工学では$P(x)$が連続関数のことが多い．この場合，$x$が$x$と$x+\Delta x$の範囲にある確率が$P(x)\Delta x$であることを意味する．$\Delta x$は任意の小さい量である．

 すべての範囲を網羅すれば確率は1になるから，$P(x)\Delta x$の総和は1である．すなわち，

$$\int_{-\infty}^{\infty} P(x)\,\mathrm{d}x = 1 \tag{4・1}$$

が常に成り立つ．ある種の確率分布では積分範囲が正の値に限定されている．一般に$P(x)$の特徴はモーメントで，つまり$x$のべき乗と確率分布の積の積分で与えられるが，式(4・2)はべき乗を含まないので0次のモーメントである．

 1次のモーメントは，

$$\int_{-\infty}^{\infty} xP(x)\,\mathrm{d}x = \mu \tag{4・2}$$

である．英語のmに対応するギリシャ語の$\mu$（ミュー）はmean（平均）からきている．式(4・2)は，$\mu$が母集団についての理論的平均量であることを示している．これと同様の意味をもつのが$\bar{x}$であるが，バー記号は平均操作一般，あるいはそれによって得られた量一般にも使う．たとえば，測定結果から得られた平均値は$\bar{x}$で表す．$\bar{x}$と$\mu$の違いに注意すると統計学の理解が進む．

 さて，式(4・2)は，

$$\int_{-\infty}^{\infty} (x-\mu)P(x)\,\mathrm{d}x = 0 \tag{4・3}$$

のように書き改めることができる．かっこを2乗に変えれば$\mu$からのばらつき具合について情報を得ることができる．そこで，2次のモーメントを定義する．

$$\int_{-\infty}^{\infty} (x-\mu)^2 P(x)\,\mathrm{d}x = \overline{(x-\mu)^2} = \sigma^2 \tag{4・4}$$

この$\sigma^2$を**分散**といい，その平方根の$\sigma$を**標準偏差**という．なお，この式のバー記号は平均操作を意味している．

 実験を何度も繰返すことの意義は，平均値$\bar{x}$がしだいに真の平均値$\mu$に近づくことにある（スチューデントの$t$分布の項，§7・5および§8・3・5参照）．しかしながら，母集団がもっている本来の不確かさ$\sigma$の値が小さくなることを意味するものではない．

**（参考）地震強度の分布**　　地震強度の度数分布は，これまでの議論と趣（おもむき）が異なる．われわれにとって意味があるのは地表面における揺れの大きさ（震度）であるが，科学的な統計のためには，地震そのものの強さ（マグニチュード）$x$の分布の方が適切である．そこで強さの度数分布を調べてみると，大地震が何年か何十年かに一度，わが国のどこかで起こっている一方，体に感じない弱い地震はどこでも毎日観測されている．確率分

布を取れば $x^{-n}$ に比例すると考えられている．$n$ は正整数であり，$n=1$ であれば反比例である．このような分布（べき乗分布）の平均値や標準偏差はあまり役に立たない．$x$ が大きいところでは，度数が低いにもかかわらず社会への影響が甚大だからである．

### 4・2・3 測定と確率変数

"測定とはランダムサンプリングである"を数式で表現すると §3・2・1 の式(3・5)となる．この式に含まれる $\delta x$ がもともとランダムな値をもつ確率変数であるから，$x$ の値を調べる行為そのものがランダムサンプリングである．そして $x$ の値をヒストグラムで整理すると分布関数 $P(x)$ が得られる．この分布には $\delta x$ がもっている統計的性質が反映されている．

## 4・3 精度と確度

標準偏差 $\sigma$ が小さいからといって真の値が高い確率で得られるとは限らない．実験装置の操作を誤ったり，結果に影響する因子を見逃したりしたために正しい結果から有意にずれることがある．このずれはその因子を取除かない限りなくすことができない．このような場合，**確度**（accuracy）が低いといい，確度を下げる誤差を**系統誤差**という．系統誤差を含むデータのことを"**バイアスがかかっている**"ということがあるが，バイアスは心理的な偏りの意味にも使われる．

測定結果に系統誤差が含まれていることを見つけ出すのは困難である．たいていは，すでに値のわかっているデータの再現実験を行って系統誤差がないことを確信したうえで本番に挑む．

これに対して**精度**（precision）が低い測定とは，平均すれば真の値に近い結果が得られるが，データのばらつきが大きい測定をいう．この状況を**ランダム誤差**あるいは**統計誤差**が大きいともいう．言い換えれば，$\bar{x}$ は真の値に近いものの，ばらつきが大きい測定である．この場合にはデータ数を多くして不確かさを小さくするしかないが，大局的には誤差の小さい実験方法を開発すべきである．

#### 演習問題

**4・1**［サンプリング］ サンプリング（標本抽出）の具体例として，穴のあいた箱（一種の抽選箱）に手を突っ込んで中身を取出すことがあげられる．箱の中には赤と白の玉が同数入っている（ビー玉を思い浮かべるとよい）．ここから玉を5個取出す．赤の個数はいくつになると予想されるか．

**4・2**［サンプリング］ 前問のサンプリングで取出した5個の玉すべてが赤玉であれば当たりとして景品を贈呈することにした．当選率は何パーセントと考えればよいか．

**4・3**［サンプリング］ 大勢が前問のサンプリングを一斉に行った．赤の個数がどの

ように分布するかを予想せよ．図式的にも表現せよ．

**4・4**［確率分布］　実験データに基づいて測定パラメーター $x$ の確率分布 $P(x)$ を構築することを考えた．次の考え方は正しいか．
(a) 実験で得られた10個のデータから度数分布をつくる．それを滑らかにつなげば確率分布 $P(x)$ が得られる．
(b) 確率分布 $P(x)$ は測定者ごとに異なるが，関数型の違いではなく，パラメーター値の違いにすぎない．
(c) 測定を繰返すことの意義は，$\delta x$ の広がり幅をどんどん小さくできることにある．
(d) 測定を繰返しても $P(x)$ の広がり幅は不変であるが，平均値 $\bar{x}$ が真の値に近づくと期待される．
(e) 実験に不備があったり，測定条件に見逃した要因があれば，$\bar{x}$ が真の値に近づくとは限らない．

**4・5**［確率分布］　ボルツマン（Boltzman）分布は，エネルギー $E$ について $\exp(-E/k_B T)$ の確率分布を取るから速度についてもエネルギーがゼロ，つまり静止している分子が最も多いはずである．それにもかかわらず空気の分子速度は約 $400\,\mathrm{m\,s^{-1}}$ である（参考文献5参照）．このパラドックスはどう解けばよいか．

**4・6**［ヒストグラムの作成］　ある物理量の測定値を小さい順に整理したら表4・1のとおりであった．仕分箱の幅を1としてヒストグラムを作成せよ．

表4・1　整理したデータ

| 範囲 | 0~1 | 1~2 | 2~3 | 3~4 | 4~5 | 5~6 | 6~ |
|---|---|---|---|---|---|---|---|
| サンプル数 | 3 | 10 | 50 | 30 | 10 | 2 | 0 |

**4・7**［ヒストグラムの作成］　ある物理量を測定したところ次のような数値が得られた．
　　3.13, 3.26, 2.93, 3.00, 3.18, 3.05, 2.94, 3.01, 3.19, 3.22, 2.90, 3.01, 2.83, 3.26, 2.76, 3.03
領域を
　　　　　　[2.7, 2.8], [2.8, 2.9], [2.9, 3.0], [3.0, 3.1], [3.1, 3.2] [3.2, 3.3]
としてヒストグラムをつくれ．なお，領域の境目にあれば0.5個ずつに分けること．

# 5 平均値・分散・標準偏差

平均値と標準偏差は測定対象についての基本的統計量である.

## 5・1 平　均
### 5・1・1 平均の定義

今，手元に次のデータセット（データの集まり，あるいはデータの組）

$$x_1,\ x_2,\ x_3,\ \cdots,\ x_{n-1},\ x_n \tag{5・1}$$

があるとしよう．データセット(5・1)は $x_i\ (i=1, \cdots, n)$ でもって簡潔に表すことができる．このデータセットは，図4・1の箱から取出した $n$ 個の玉が示すデータでもいいし，図4・2のサンプリング（標本抽出）で得られたデータでもいい．そして今やりたいことは，得られたデータから確率分布 $P(x)$，つまり母集団の統計的特性を探ることである．

まず最初に調べるべき統計量が母集団の平均値である．観測者は手元にデータセット(5・1)しか手がかりがない．これはデータに対応するランダム変数 $x$ が実際に示した $n$ 個の値であるから，§3・2・1の方式で平均を表して，

$$\bar{x} = \frac{x_1 + x_2 + \cdots + x_n}{n} \tag{5・2}$$

$$\bar{x} = \frac{1}{n}\sum_{i=1}^{n} x_i \tag{5・3}$$

と表す．つまり測定量の平均 $\bar{x}$ でもって母集団の平均 $\mu$ とみなす．

$\Sigma$ はギリシャ文字のシグマである．この由来は，欧米で総和を表す言葉がSで始まるからである（英語 sum，ドイツ語 Summe，フランス語 somme）．表計算ソフトのSUM関数もやはり総和である．なお，テキストによっては $\bar{x}$ の代わりに $\langle x \rangle$ を使うものもある．

平均 (average, mean) は平均値ともいう．本書では平均と平均値を区別せずに用いるが平均は動詞（平均する）でも用いられる点が異なる．また，値は同じであるが，若干異なる意味合いで使われる計算量に**期待値**（expected value）がある．あなたが素性のわかった母集団についてサンプリングをするとしよう．"どのような値を予想します

か"と問われれば,あなたは期待値を答えるしかないが値は$\mu$である.$x$の期待値は$E[x]$で表すことが多い.なお,ランダム性を強調するのであれば太字の$\boldsymbol{x}$で表すのが通例である.

## 5・2 時間経過に依存する平均

統計量を求めることが,対象物がもっている物理量をサンプリングすることであるならば,その値が時間とともに変化しても不思議はない.一般に時間とともに変化する事象を**時系列**(time series)という.ここでいう時間は,リアルタイム計測のように実際の時間はもちろんのこと,Excelやプログラムにおける処理の順番(シーケンス sequence)でもよい.後者は,いわば仮想的時間である.

時系列は図5・1のように分類できる.陰影つきの四角い枠はサンプリング時間を表し,計測分野ではタイムウィンドウという.その時間内にサンプリングして得られたデータを平均した結果をプロットしたのが"平均"の黒丸である.

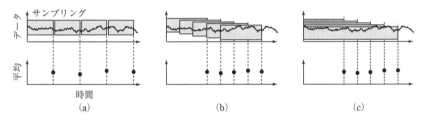

**図5・1** 時間経過に依存する平均.(a)繰返し平均,(b)移動平均,(c)積み上げ平均.

**a. 繰返し平均** 図5・1(a)ではサンプリングを同じ時間だけ繰返して行う.常に新しいデータが統計処理の対象であり,その個数は一定である.統計処理が終わるまで次のサンプリングに進まない.狭い意味の統計処理は,どれか特定のタイムウィンドウについて行う.このデータを空間に配置すれば図4・4のアンサンブル平均になる.したがって,人間が手作業で行う計測は,図5・1(a)のバリエーションとみなすことができる.

さまざまなタイムウィンドウで得られた統計結果を比較すれば揺らぎが見えてくるので,平均値がタイムウィンドウ間でばらついても不思議はない.Excelで乱数を用いたシミュレーション計算は,たいていの場合,図5・1(a)のタイプに分類できる.

図5・1(a)のタイプの計測では,データをメモリに保存しておく必要がないので,現場での簡便な診断に向いている.

**b. 移動平均** 図5・1(b)は移動平均とよばれる.常に同数のデータを平均化するという点で図5・1(a)と同じであるが,新しいデータが得られたらそれを取入れると

同時に一番古いデータを捨てる点が異なる．$x_k$ が新しく得られたら，それを取入れた平均 $A_k$ は，

$$A_k = \frac{x_k + x_{k-1} + \cdots + x_{k-n+1}}{n} = \frac{1}{n}\sum_{i=0}^{n-1} x_{k-i} \tag{5・4}$$

で与えられる．

　常に新規データで更新されるという意味では，アナログ回路による平均もこのタイプであり〔図5・2(a)，式(5・5)〕，タイムウィンドウの時間幅に相当するのが**時定数** $RC$ である．ただし，式(5・4)とは異なり，過去のデータに対する重みが指数関数的に小さくなる．数式のうえでは無限の過去までさかのぼるが，事実上は近い過去までしか積分が及ばない．

$$V_{\text{out}} = -\frac{1}{RC}\int_0^\infty \exp\left(-\frac{t'}{RC}\right)V_{\text{in}}(t-t')\,dt' \tag{5・5}$$

この式をデジタル方式で近似計算すると

$$A_k = \frac{x_k + x_{k-1}\mathrm{e}^{-\alpha} + x_{k-2}\mathrm{e}^{-2\alpha} + \cdots + x_{k-n+1}\mathrm{e}^{-(n-1)\alpha}}{1 + \mathrm{e}^{-\alpha} + \mathrm{e}^{-2\alpha} + \cdots + \mathrm{e}^{-(n-1)\alpha}} \tag{5・6}$$

となる．図5・2(a)の $V_{\text{out}}$ は，$n=10$，$\alpha=2/n$ として数値積分した波形である．比較のために，同じ $n=5$ について式(5・6)を計算した結果が図5・2(b)の Out である．二つの波形がかなり似ていることがわかる．

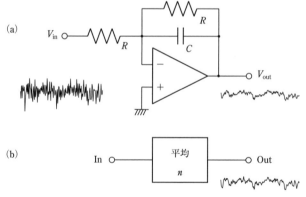

**図5・2** 平均操作．(a) アナログ回路による平均〔式(5・5)〕，三角形はオペアンプ，(b) デジタル平均〔式(5・6)〕．

**c. 積み上げ平均**　　図5・1(c)は，スタート以来のデータをすべて取込んで統計処理を行う．これを積み上げ平均とよぶことにしよう\*．例として，データ $x_k$ が一つ得ら

---

\*　積み上げ平均は筆者の造語である．累積平均とよべそうであるが，累積という用語は別の意味で使われている〔累積分布（参考文献2参照）〕．

れるたびにそれまでの平均 $A_{k-1}$ を更新するとしよう．新しい平均 $A_k$ は，

$$A_k = \frac{1}{k}\sum_{i=1}^{k} x_i = \frac{x_k + (k-1)A_{k-1}}{k} \tag{5・7}$$

で与えられるので，必ずしも過去のデータをすべて記憶しておく必要はない．乱数を用いたモンテカルロ計算の結果が収束していく様子を調べる場合，このタイプの統計的評価がよく行われる．

## 5・3 加重平均

平均の基本形(5・3)の各項に重み係数がかかったのが**加重平均**（weighted average）である．重み付きの平均ともいう．重みの内容でいくつかに分類される．

### 5・3・1 離散分布の加重平均

**a. 繰返して現れるデータ**　例として期末試験の成績を整理することを考えよう．点数は 0〜100 の整数である．この試験の平均点は式(5・3)に従って計算することができるが，点数の範囲が狭く，解答用紙の枚数が多い場合は，たとえば 91 点が 10 枚，85 点が 8 枚のようにまとめると楽である．その点数の解答用紙がなければ 0 枚である．これを一般化して，数値 $x_i$ のデータが $w_i$ 個現れたとする．$x$ の平均値は，

$$\bar{x} = \frac{x_1 w_1 + x_2 w_2 + \cdots + x_m w_m}{w_1 + w_2 + \cdots + w_m} = \frac{1}{w}\sum_{i=1}^{m} x_i w_i \tag{5・8}$$

$$w = \sum_{i=1}^{m} w_i \tag{5・9}$$

である．$w$ はデータの総数である．$x_i$ の割合 $P_i$ を

$$P_i = \frac{w_i}{w} \tag{5・10}$$

で定義すれば式(5・8)は，

$$\bar{x} = \sum_{i=1}^{m} x_i P_i \tag{5・11}$$

と書き改められる．ここで $P_i$ は規格化条件

$$\sum_{i=1}^{m} P_i = 1 \tag{5・12}$$

を満足する．

**b. ヒストグラムに整理されたデータ**　成績の整理では同じデータが現れたが，これを仕分けデータとみなすことができる．つまり，0 点〜100 点のラベルが貼ってある仕分箱を用意してそこに答案用紙を仕分ければよい．箱 $i$ の中の枚数が $w_i$，点数 $x_i = i$

である．

もっと現実的な仕分けは成績評価である．点数のみで成績がつくのであれば図 5・3 のように秀・優・良・可・不可に対応する 5 個の仕分箱に答案用紙を仕分ける．箱 $i$ の中の枚数が $w_i$ である．点数 $x_i$ は範囲の中点，たとえば，秀なら $x=95$ とすべきである．仕分箱の幅が広いので平均点 (5・8) の精度は高くない．仕分箱の中味を棒グラフで表した図がヒストグラム（度数分布図）である．

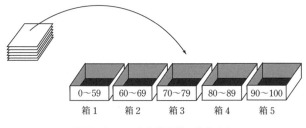

図 5・3　データを仕分箱に仕分ける

以上は離散値（整数）の仕分けであったが，連続値の仕分けとして身体検査における体重データを整理することを考えよう．この場合，生データは分解能 0.05 kg で 30 kg から 150 kg の間に収まるとみてよい．分布の特徴を知るには，たとえば 40〜80 kg は 2 kg ごとに刻み，それ以上，それ以下は 5 kg ごとに刻む．仕分箱の代表値は上端と下端の中心の値とし，$x_i$ で表す．その仕分箱の中にあるデータ数を $w_i$ とすれば平均値は式 (5・8) と同じ式で計算できる．

### 5・3・2　誤差をもったデータの加重平均

平均を取るにあたってデータの不確かさが異なる場合，確かなものはしっかり取入れ，不確かなものは排除すべきである．このことを実現するには，$x_i$ に**重み**（weight）$w_i$ を割り当てて平均を計算する．計算式は式 (5・8) のとおりである．もし測定データごとに標準偏差 $\sigma_i$ が割り振られていれば，

$$w_i = \frac{1}{\sigma_i^2} \tag{5・13}$$

である．この関係の根拠づけは，正規分布の式 (7・16) で行う．

### 5・3・3　確率分布関数の平均

離散分布においてそれぞれの仕分箱の幅が等しく，かつ十分狭ければ和を積分に置き換えることができる．これを理工学実験で現実に実行することはほぼ不可能であるが，理論上は可能であり，母集団の平均値が得られることになる．よってすでに式 (4・2) で

示したとおり，式(5・11)は，

$$\mu = \int_{-\infty}^{\infty} xP(x)\,dx \tag{5・14}$$

に書き換えられる．

## 5・4 標準偏差と分散
### 5・4・1 標準偏差と分散の基本

統計分布のばらつきを表す指標が式(3・9)で定義した分散 $\sigma_x^2$ である．母集団の分布関数が完全にわかっていれば，平均値からのずれの2次のモーメントを統計分布関数について計算すれば求められるが〔式(4・4)を参照〕，現実の測定では有限個のサンプリングでしか分布についての手がかりが得られない．そこで，次のように平均値からのずれの2乗の平均を取ることになる．

$$\sigma_x^2 = \frac{1}{n}[(x_1-\bar{x})^2 + (x_2-\bar{x})^2 + \cdots + (x_n-\bar{x})^2]$$

$$= \frac{1}{n}\sum_{i=1}^{n}(x_i-\bar{x})^2 \tag{5・15}$$

この式で問題となるのが平均値 $\bar{x}$ である．もし $\bar{x}$ が，測定データが従う統計分布，つまり測定データが属する母集団の平均値 $\mu$ に等しければ式(5・15)は式(4・4)に対する離散近似とみなしてよい．コンピューター実験では $\mu$ の値がわかっているものとして $x_i$ をつくり出すのでそれに該当する．式(5・15)で定義される $\sigma_x$ を**母集団標準偏差** (population standard deviation) とよぶ（参考文献1の p. 107 参照）．

しかし，現実には $\mu$ とは無関係に式(5・3)によって $\bar{x}$ が決まる．その $\bar{x}$ を用いて二乗和(5・15)を計算すれば $\sigma_x$ の値は過小評価される（図8・5のD列）．なぜなら，分母に $n$ がくる次の2次式

$$f(z) = \frac{1}{n}\sum_{i=1}^{n}(x_i-z)^2 \tag{5・16}$$

は常に $z=\bar{x}$ で極小となるからである．

過小評価であることがわかれば，対応策として取りうるのは分子を小さくすることである．そこで標準偏差の定義を

$$\sigma_x^2 = \frac{1}{n-1}[(x_1-\bar{x})^2 + (x_2-\bar{x})^2 + \cdots + (x_n-\bar{x})^2]$$

$$= \frac{1}{n-1}\sum_{i=1}^{n}(x_i-\bar{x})^2 \tag{5・17}$$

とする．実際，こちらの方が真の標準偏差に近い（図8・5のC列）．1を差し引くことがご都合主義のように映るが，説得力のある理由づけとして，"$\bar{x}$ の計算に測定デー

がすでに使われているので自由度が一つ減っている"からとされている．こうして式
(5・17)で定義される$\sigma_x$を**標本標準偏差**（sample standard deviation）とよぶ（参考文
献1のp.107参照）．

"$\bar{x}$の計算に測定データがすでに使われている"ことの意味がより明確なのが，確率
論による証明（3・11）である．そこでは，同一の確率分布に従うデータ$n$個から分散を
得るには$n-1$で割るべきであることが示されている．

　1を差し引く方が好ましいことは次のことからも納得できる．測定データが1個（つ
まり$n=1$）の場合，ばらつき具合を見積もるすべがない．式(5・17)から導かれる$\frac{0}{0}$
の方が式(5・15)から導かれる0よりふさわしいというわけである．

　本書では，さらにもう一つの説明として，図8・5のコンピューター実験からも支持
されると言っておこう．要点を先取りすると，パラメーター$\mu$と$\sigma$（これらを真の値とよ
ぼう）を指定して正規乱数を発生させてみると，$\bar{x}$として真の平均値$\mu$を用いた母集団
標準偏差が真の$\sigma$に最も近く，次にくるのが測定値から算出した$\bar{x}$を用いた標本標準偏
差であり，測定値から算出した$\bar{x}$を用いた母集団標準偏差が最も精度が悪い．$\mu$の値は，
推定するしかないので，標本標準偏差が$\sigma$に対する最適な推定値となるわけである．

　しかし，$\sigma_x$の大きさを細かく議論することはまれなので，実用上は$n-1$の代わりに
$n$で割ったとしても問題になることはない．ちなみに，相関係数の計算では$n$で割り算
をするので，その意味でもあまり気にする必要はない．

　計算の手順という視点で式(5・17)を見ると，$\bar{x}$を出す段階で総和を計算し，次に式
(5・17)で再度総和の計算を行う流れになる．コンピュータープログラミングの発想で
いうと，総和を1回で済ます方が効率的であるから，その方法を紹介しよう．式(5・
17)を展開して，

$$\sum_{i=1}^{n}(x_i-\bar{x})^2 = \sum_{i=1}^{n}x_i^2 - 2\bar{x}\sum_{i=1}^{n}x_i + \sum_{i=1}^{n}(\bar{x})^2$$

$$= \sum_{i=1}^{n}x_i^2 - \frac{1}{n}\left(\sum_{i=1}^{n}x_i\right)^2 \quad (5\cdot18)$$

が得られる．$\sum x_i$と$\sum x_i^2$を同時に計算していけば1回の繰返し計算で$\sigma_x^2$が求められる．

**（参考）Excelの標準偏差関数**　　たいていの場合，STDEVで事足りるが，ほかにも類
似の関数が用意されている（表5・1）．

表5・1　Excelの標準偏差関数

| | |
|---|---|
| STDEV | 標本標準偏差 |
| STDEV.S | 標本標準偏差（Excel2010以降） |
| STDEVP | 母集団標準偏差 |
| STDEV.P | 母集団標準偏差（Excel2010以降） |

### 5・4・2 重み付きの標準偏差と分散

式(5・8)のように，$i$ 番目のデータに重み $w_i$ が付随していれば分散がどう計算できるかを考えてみよう．式(5・15)の各項に $w_i$ を挿入して，

$$\sigma_x^2 = \frac{1}{w}\sum_{i=1}^{n} w_i(x_i - \bar{x})^2 \qquad (5・19)$$

$$= \frac{1}{w}\sum_{i=1}^{n} w_i\left(x_i - \frac{1}{w}\sum_{j=1}^{n} w_j x_j\right)^2$$

$$= \frac{1}{w}\left[\sum_{i=1}^{n} w_i x_i^2 - \frac{1}{w}\left(\sum_{j=1}^{n} w_j x_j\right)^2\right] \qquad (5・20)$$

が得られる．

**a. 確率分布関数の標準偏差と分散**　　式(5・19)で $n$ が十分大きくなれば $w_i/w \to P(x)$ とし，総和を積分に置き換えることができ，確率分布関数についての1次と2次のモーメントで分散が計算できる．

$$\sigma_x^2 = \int_{-\infty}^{\infty}(x-\mu)^2 P(x)\,\mathrm{d}x = \int_{-\infty}^{\infty} x^2 P(x)\,\mathrm{d}x - \left(\int_{-\infty}^{\infty} x P(x)\,\mathrm{d}x\right)^2 \qquad (5・21)$$

## 5・5 平均操作による誤差の低減

理工系実験室でよく交される会話に"ノイズ（雑音）を落とすためにアベレージング（平均化）しよう"というのがある．適切なフィルター回路を入れれば，雑音を消去して信号のみを透過させることができるという意味である．もし直流信号，つまり平均値を得たいのであればローパスフィルター（LPF）とよばれる平均化回路を使う．

この操作はアナログ回路でもできるし，デジタル信号に対しても可能である．同様に，測定データについて平均操作を行えば不確かさ，つまりばらつきが減る．この様子はすでに図5・2で実証されている．図の波形の標準偏差を式(5・17)に従って計算すると，入力波形で $\sigma=2.0$ （$n=200$），出力波形(a)で $\sigma=0.78$ （$n=191$），出力波形(b)で $\sigma=0.94$ （$n=191$）である．出力波形(b)は $n=5$ 個の平均を取っている．つまり式(5・4)でいえば $k=1, \cdots, 191, n=5$ である．$n$ 個のデータに対する平均操作により標準偏差がほぼ $1/\sqrt{n}$ に減少していることがわかる．このことに対して根拠づけをしてみよう．

まず，個々のデータのランダム性を

$$x_i = \mu + \delta x_i \qquad (i=1, \cdots, n) \qquad (5・22)$$

と表そう．右辺第2項は式(3・5)で登場した確率変数である*．特定のタイムウィンドウ内で平均を取れば，

---

\* 厳密にいえば左辺の $x_i$ も確率変数であるから太字で表記するべきである．

$$\bar{x} = \frac{1}{n}\sum_{i=1}^{n} x_i = \mu + \frac{1}{n}\sum_{i=1}^{n} \delta x_i \tag{5・23}$$

である. この $n$ は小さい数なのでそのまま残しておく. 式(5・23)を式(5・3)に代入し, タイムウィンドウ間で平均して,

$$\sigma_{\bar{x}}^2 = \overline{\left(\frac{1}{n}\sum_{i=1}^{n} x_i - \mu\right)^2} = \overline{\left(\frac{1}{n}\sum_{i=1}^{n} \delta x_i\right)^2}$$

$$= \frac{1}{n^2}\overline{\left[\sum_{i}(\delta x_i)^2 + 2\sum_{i\neq j}\delta x_i \delta x_j\right]} = \frac{1}{n}\overline{(\delta x)^2} = \frac{1}{n}\sigma_x^2 \tag{5・24}$$

ここで, 標準偏差 $\sigma_{\bar{x}}$ は $n$ 個のデータの平均値が示すばらつきであり*, $\sigma_x$ はデータが本来もっているばらつき, つまり母集団のばらつきである. また, 最後の確率変数から添え字の $i$ を省いた. お互いを区別する必要がないからである. こうして式(5・24)から, $n$ 個のデータを平均化することにより標準偏差が,

$$\sigma_{\bar{x}} = \frac{1}{\sqrt{n}}\sigma_x \tag{5・25}$$

に減少することが説明できる.

平均化することによってばらつきが減ることを $n=2$ について直感的に説明しよう. 母集団を代表して,

$$\bar{x}\,[1], \quad \bar{x}\pm s\,[p] \tag{5・26}$$

を考慮する. 〔 〕の中は**相対確率**であり, $\bar{x}\pm s$ を取出す確率は $\bar{x}$ のそれに比べて $p$ である ($0<p<1$). さて, 任意に二つを取出して平均を取れば,

$$\bar{x}\,[1], \quad \bar{x}\pm\frac{1}{2}s\,\left[\frac{2p}{1+2p^2}\right], \quad \bar{x}\pm s\,\left[\frac{p^2}{1+2p^2}\right] \tag{5・27}$$

と分布する. $\bar{x}\pm s$ の相対確率は常に $p$ より小さいから, 2個の平均でも分布幅の狭まることが納得できる.

## 5・6 表計算による平均と標準偏差の計算

Excel を使って平均値と標準偏差を計算しよう. 題材は第4章の演習問題4・7のデータとする. それが図5・4に計算結果とともに示してある.

まず入力データが A 列の A2〜A17 セルにある. (1)と(2)のブロックに平均 (Av) と標準偏差 (Sigma, $\sigma$) の計算結果があり, 両者は一致している.

入力データを度数分布にまとめたものが F 列〜H 列のブロックにある. そのうち, F2〜F7 は仕分箱のラベル, G2〜G7 は仕分箱の代表値, H2〜H7 は仕分箱の度数である.

---

\* $x$ にバーがついた $\bar{x}$ の標準偏差となっている点に要注意.

## 5・6 表計算による平均と標準偏差の計算

度数が0.5になっているのは,境目にきたデータを0.5ずつに分配してカウントしたからである.(3)のブロックに平均(Av)と標準偏差(Sigma, σ)の計算結果があるが,(1),(2)から若干ずれている.

|   | A | B | C | D | E | F | G | H | I |
|---|---|---|---|---|---|---|---|---|---|
| 1 | x |   |   |   |   |   | x | w |   |
| 2 | 2.76 | (1) Av | 3.0438 |   |   | 2.7〜2.8 | 2.75 | 1 |   |
| 3 | 2.83 | Sigma | 0.1521 |   |   | 2.8〜2.9 | 2.85 | 1.5 |   |
| 4 | 2.9 |   |   |   |   | 2.9〜3.0 | 2.95 | 3 |   |
| 5 | 2.93 | (2) Sum1 | 48.7 |   |   | 3.0〜3.1 | 3.05 | 4.5 |   |
| 6 | 2.94 | Sum2 | 148.58 |   |   | 3.1〜3.2 | 3.15 | 3 |   |
| 7 | 3 | N | 16 |   |   | 3.2〜3.3 | 3.25 | 3 |   |
| 8 | 3.01 |   |   |   |   |   |   |   |   |
| 9 | 3.01 | Av | 3.0438 |   |   | (3) Sum1 | 48.8 |   |   |
| 10 | 3.03 | Sum3 | 0.347 |   |   |   | Sum2 | 149.17 |   |
| 11 | 3.05 | σ | 0.1521 |   |   |   | W | 16 |   |
| 12 | 3.13 |   |   |   |   |   |   |   |   |
| 13 | 3.18 |   |   |   |   |   | Av | 3.05 |   |
| 14 | 3.19 |   |   |   |   |   | Sum3 | 0.33 |   |
| 15 | 3.22 |   |   |   |   |   | σ | 0.1483 |   |
| 16 | 3.26 |   |   |   |   |   |   |   |   |
| 17 | 3.26 |   |   |   |   |   |   |   |   |

図5・4 平均と標準偏差の計算

計算方式をつぎに説明しよう.ここでは,必要なときにしか統計計算をしないという読者を想定して,表1・1と表1・2の関数しか使っていない.使用法を調べながら関数を使うのはエラーのもとなので,当たり前の関数を使うことに徹したのである.

|    | B | C |
|----|---|---|
| 2  | (1) Av | =AVERAGE(A2:A17) |
| 3  | Sigma | =STDEV(A2:A17) |
| 5  | (2) Sum1 | =SUM(A2:A17) |
| 6  | Sum2 | =SUMPRODUCT(A2:A17,A2:A17) |
| 7  | N | =COUNT(A2:A17) |
| 9  | Av | =C5/C7 |
| 10 | Sum3 | =C6-C5^2/C7 |
| 11 | σ | =SQRT(C10/(C7-1)) |

|   | G | H |
|---|---|---|
| 9 | (3) Sum1 | `=SUMPRODUCT(G2:G7,H2:H7)` |
| 10 | Sum2 | `=SUMPRODUCT(G2:G7.G2:G7,H2:H7)` |
| 11 | W | `=SUM(H2:H17)` |
| 13 | Av | `=H8/H11` |
| 14 | Sum3 | `=H10-H9^2/H11` |
| 15 | σ | `=SQRT(H14/(H11-1))` |

### 演習問題

**5・1**［平均値］ ある統計分布に対してサンプリングを行って $n$ 個のデータ $x_1, x_2, \cdots, x_n$ を得た．次の量は $n$ が大きくなるにつれてどう変化すると考えられるか．

$$a_n = \frac{1}{n}\sum_{i=1}^{n} x_i$$

(a) 単調に増加する． (b) 単調に減少する．
(c) 振動しながら収束する． (d) ある値のまわりで振動し続け，収束しない．

**5・2**［標準偏差・分散］ ある統計分布に対してサンプリングを行って $n$ 個のデータ $x_1, x_2, \cdots, x_n$ を得た．次の量は $n$ が大きくなるにつれてどう変化すると考えられるか．

$$b_n = \frac{1}{n}\sum_{i=1}^{n}(x_i - a_n)^2 = \frac{1}{n}\left[\sum_{i=1}^{n} x_i^2 - \frac{1}{n}\left(\sum_{j=1}^{n} x_j\right)^2\right]$$

(a) 単調に増加する． (b) 単調に減少する．
(c) 振動しながら収束する． (d) ある値のまわりで振動し続け，収束しない．

**5・3**［標準偏差・分散］ 式(5・25)によれば，$n$ が大きくなれば $\sigma_{\bar{x}}$ はゼロに近づく．一方，前問 5・2 の分散はある値に収束する．この二つは矛盾しないだろうか．

**5・4**［試験成績の整理］ 小テストの点数が以下のとおりであった．これについて以下の解析をせよ．できれば Excel を使うとよい．

　　　6, 8, 10, 5, 6, 7, 8, 10, 9, 4, 6, 7, 9, 8, 10, 8, 9, 7, 6, 9

(a) 平均点を式(5・3)に従って計算せよ．
(b) 累積人数を点数に対してグラフ化せよ．真ん中の人は何点を取ったか．つまり，中央値（メジアン）を求めよ．
(c) 標準偏差を式(5・17)に従って計算せよ．
(d) AVERAGE 関数，あるいは STDEV 関数を用いて標準偏差を計算し，答えを比較せよ．

**5・5**［試験成績の整理］ 前問 5・4 のデータを表 5・2 の形式に整理したうえで以下の解析をせよ．できれば Excel を使うとよい．

(a) ヒストグラムをグラフ表示せよ.
(b) モードとメジアンについて検討せよ.
(c) 平均点を式(5・8)に従って計算せよ.
(d) 標準偏差を式(5・19)および式(5・20)に従って計算せよ.

表 5・2 点数のヒストグラム

| 点 数 | 0 | 1 | 2 | 3 | 4 | 5 | 6 | 7 | 8 | 9 | 10 |
|---|---|---|---|---|---|---|---|---|---|---|---|
| 度 数 | | | | | | | | | | | |

# 6

# 二項分布・多項分布

最も単純な離散分布である．

## 6・1 二 項 分 布
### 6・1・1 二項分布とは

離散分布の代表であり，箱からのサンプリングのイメージがよく当てはまるのが**二項分布**である．図4・1でいえばボールは2種類である．"多数の黒玉と白玉が$p:q$の割合で入った箱がある（$p+q=1$）．そこから玉を$n$個取出す．そのうち，黒玉が$\nu$個，白玉が$(n-\nu)$個となる確率はいくらか"というのが典型的な問題である（玉は多数なので，外に取出しても箱の中味の割合は変わらない）．

簡単な例から答えを予想しよう．$n=4$, $\nu=3$であれば，

●●●○　$p^3q$,　　●●○●　$p^3q$,　　●○●●　$p^3q$,　　○●●●　$p^3q$

の4通りであるから答えは$4p^3q$である．この値は$A$を3個，$B$を1個並べる組合わせの数に等しく，次の二項展開

$$(pA+qB)^4 = {}_4C_4 p^4 A^4 + {}_4C_3 p^3 q A^3 B + {}_4C_2 p^2 q^2 A^2 B^2 \\ + {}_4C_1 p q^3 A B^3 + {}_4C_0 q^4 B^4 \qquad (6\cdot 1)$$

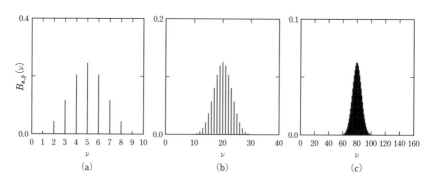

図6・1　二項分布．(a) $n=10$，(b) $n=40$，(c) $n=160$．いずれも$p=0.5$．

の $A^3B$ 項の係数でもある．

これを一般化して，二項分布の確率 $B_{n,p}(\nu)$ は，

$$B_{n,p}(\nu) = {}_nC_\nu p^\nu q^{n-\nu} = \frac{n!}{\nu!(n-\nu)!} p^\nu q^{n-\nu} \tag{6・2}$$

である．図 6・1 は，$p=0.5$ のときの $B_{n,p}(\nu)$ のグラフを $n=10 \sim 160$ の範囲で示している．

### 6・1・2 二項分布の特性

二項分布 $B_{n,p}(\nu)$ の素性がわかっている，つまりパラメーターの値がわかっているとしよう．それから導かれる $\nu$ の平均値 $\mu$ は，

$$\mu = \bar{\nu} = np \tag{6・3}$$

である．同様にして分散 $\sigma^2$ は，

$$\sigma^2 = \overline{(\nu - \mu)^2} = npq \tag{6・4}$$

である．標準偏差は $\sigma = \sqrt{npq}$ である．これらは演習問題で証明する．

### 6・1・3 $p \neq \frac{1}{2}$ の二項分布

**a. バイアスのある 2 値モデル**　変数 $p$ が二つの値しか取らないのであれば $p=\frac{1}{2}$ でクセのないダイナミックスが実現する．図 4・1 のモデルでいえば，白玉と黒玉に異なるアクションの指示が書き込まれていれば二項分布に基づいたランダムなダイナミックスが実現できる（参考文献 4, 5, 7 参照）．書き込まれた指示が "右に一歩"，"左に一歩" であれば 1 次元ランダムウォークである．酔歩ともいうように，飲み屋から出た酔っ払いの左右ランダムな歩きでイメージ化ができる．

バイアスがあるということは，たとえば右方に足が向きがちであるということである．それをひき起こす要因としては，飲み屋の前が坂道である，あるいは風が右に強く吹いているなどの可能性があげられる．これらの要因は，ダイナミックスにある種の規則性を導入することになる．

規則性の極限が，どちらかの玉だけの場合であり，たとえば $p=1$, $q=0$ である．この場合，飲み屋から出た客は，一直線に進む．

**b. まれに起こる事象の 2 値モデル**　視点を自然科学以外に広げると $p \neq \frac{1}{2}$ が当然の事象がいくらでもある．たとえば，工場出荷時に不良品が出る確率はゼロに近いはずである．また，交通事故が起こる確率も小さいはずであるが，"今日の事故件数" を何で割れば確率として意味のあるものになるかは検討の余地がある．

**c. 多値モデル**　変数 $\nu$ が $m$ 個の値を $p_1, p_2, \cdots, p_m$ の確率で取るのが多値モデルである．例をあげれば，一つのサイコロを振って出る目（1〜6），トランプ 1 山から

抜いた1枚 (A, 2, …, Q, K) である．すべての変数値の分布を調べれば次に扱う多項分布となるが，一つの変数値によって実現する事象とそれ以外の事象とに分ければ見かけ上，バイアスのある2値モデルと同等になる．具体例をあげよう．サイコロを3個同時に振って1の目の個数を$\nu$とすると，$n=3$, $p=\dfrac{1}{6}$ の二項分布である．

### 6・1・4 二項分布の極限

二項分布を連続分布に近づけていこう．そのために$n$の値を十分大きくする．そうすれば仕分箱 (bin) の幅は必然的に狭くなる．図6・1からガウス関数型の分布に近づくことが予想できるが，ここではそれを正当化しよう．階乗に対する**スターリング** (Stirling) **の公式**を用いれば次の分布が導かれる (演習問題6・2参照)．

$$P(x) = \frac{1}{\sigma\sqrt{2\pi}} \exp\left[-\frac{(x-\mu)^2}{2\sigma^2}\right] \qquad (6・5)$$

この分布は確かにガウス関数 ($e^{-x^2}$) の型である．統計分野では**正規分布**という．

### 6・1・5 デジタルと二項分布

0と1からなる集合できわめて現代的なものがある．それは，7個を1列に並べ，それぞれの配列パターンに意味をもたせたもの，すなわち **ASCII** (American standard code for information interchange, アスキー) という1バイト文字である．二項分布とのつながりを明らかにするために0と1を記号として展開[*1]しよう．

$$(0+1)^7 = 0000000 + 0000001 + 0000010 + \cdots + 1111111 \qquad (6・6)$$

において数字の位置に意味があるので，0と1の個数が同じであっても同類項としてまとめるわけにはいかない．

さて，1バイトとは8ビットのことである．つまり8桁の0と1であるが，ASCIIでは先頭の1ビット ($a_7$) が常に0なので，意味があるのは$a_6 \sim a_0$である[*2]．表6・1にASCIIの例をあげる．表6・1のHは$a_7 \sim a_4$を，Lは$a_3 \sim a_0$をそれぞれ16進数で表現したものである．16進数とは，0~9は10進数と同じであるが，10から15までをA~Fで表記した数のことである．たとえば，$AB_{16}$は$10\times 16+11=171_{10}$である[*3]．

さて，二項分布の視点でASCII文書を眺めてみよう．式(6・6)の各項がある規則に従って並んだのがASCII文書である．これをバイアスのある二項分布として捉え

---

[*1] たとえば $(0+1)^2 = 00+01+10+11$
[*2] 8桁の文字体系は ANSI コードという．
[*3] 下つきの数字$N$は$N$進数であることを意味する．

ることはできない．なぜなら，バイアスのもととなる規則は0と1の集合である文字の間にはたらくからである．

表6・1 ASCIIの例

| 文字 | $a_7$ | $a_6$ | $a_5$ | $a_4$ | $a_3$ | $a_2$ | $a_1$ | $a_0$ | H | L |
|---|---|---|---|---|---|---|---|---|---|---|
| 9 | 0 | 0 | 1 | 1 | 1 | 0 | 0 | 1 | 3 | 9 |
| A | 0 | 1 | 0 | 0 | 0 | 0 | 0 | 1 | 4 | 1 |
| z | 0 | 1 | 1 | 1 | 1 | 0 | 1 | 0 | 7 | A |

## 6・2 多項分布

### 6・2・1 多項分布とは

図4・1でいえばボールは$m$種類である．それらを$a_1, a_2, \cdots, a_m$でもって区別しよう．それらの存在確率は$p_1, p_2, \cdots, p_m$である．さて，ボールを$n$個取出してそれぞれの個数が$\nu_1, \nu_2, \cdots, \nu_m$である確率は，

$$P(\nu_1, \nu_2, \cdots, \nu_m; n) = \frac{n!}{\nu_1! \nu_2! \cdots \nu_m!} p_1^{\nu_1} p_2^{\nu_2} \cdots p_m^{\nu_m} \tag{6・7}$$

である．ただし制約条件

$$p_1 + p_2 + \cdots + p_m = 1 \tag{6・8}$$

$$\nu_1 + \nu_2 + \cdots + \nu_m = n \tag{6・9}$$

が付随する．

$m=26$の場合，式(6・1)との類推でいえば26項の多項展開

$$(p_A A + p_B B + \cdots + p_Z Z)^n = P(n, \cdots, 0) p_A^n A^n + \cdots + P(0, \cdots, n) p_Z^n Z^n \tag{6・10}$$

の各項の係数が式(6・7)の形で表される．

### 6・2・2 デジタルと多項分布

[$n=1$]

英語の文書でアルファベット1文字の出現頻度を調べれば式(6・10)で$n=1, m=26$の場合に相当する．ただし，大文字と小文字は区別しないものとする．これについてよく引き合いに出されるのが，19世紀に実施された出現頻度の調査である．このとき，New York Timesに現れた10万字についてヒストグラムを作成した（参考文献12参照）．

おそらく，この結果にインスピレーションをかき立てられたのであろう．エドガー・アラン・ポー (Edgar Alan Poe) は The Gold-bug（黄金虫，1843年）を書いた．このあらすじは松本清張の"渦"（新潮文庫, p.229～232）で簡潔に語られているので紹介

しよう．

　聞いてみれば何でもないが，これはちょっとしたエドガー・アラン・ポーの"黄金虫"であった．"黄金虫"では，記号ばかりならんでいる暗号書から，もっとも多い記号に目をつけてそれが英文の綴りで頻出度の高いeだと判断する．すると，eで終わる三字の単語で最も使用されるものはtheだから，前と後の記号によってtとhが得られる．以下，それらの組合わせを解いて，全部の暗号を解読するという小説である．

　これは当時の読書界に大きな話題を投げたという．あとではドイルがシャーロック・ホームズもので"踊る人形"というのにこれを応用しているが，なんといっても"黄金虫"のオリジナリティには及ばない．…　　　〔松本清張，"渦"，新潮文庫（1979）〕

　多項分布の視点からこの暗号解読を見てみると，たとえば文字Mの出現確率が$p_M$であっても，ランダムには出現していない．たとえばTのあとにはHのくる確率が高い．これは，ランダム性を前提とする多項分布の対極に位置する．参考のために表6・2で"黄金虫"の5万9千字のアルファベット出現頻度（GB）を上で述べたNew York Times 10万字の頻度（NYT）と比較してみよう．順番の交代があるものの，数値はおおむね一致しているので言語の特徴が現れている．

表6・2　The Gold-bug と New York Times におけるアルファベットの出現確率（％）

|     | E | T | A | O | I | N | S | H | R | D | L | U | C |
| --- | --- | --- | --- | --- | --- | --- | --- | --- | --- | --- | --- | --- | --- |
| GB  | 13.12 | 9.45 | 7.71 | 7.22 | 7.19 | 6.73 | 6.06 | 5.80 | 5.60 | 4.33 | 4.02 | 3.20 | 2.62 |
| NYT | 12.25 | 9.41 | 8.19 | 7.26 | 7.10 | 7.06 | 6.36 | 4.57 | 6.85 | 3.91 | 3.77 | 2.58 | 3.83 |

|     | M | F | W | G | Y | P | B | V | K | X | J | Q | Z |
| --- | --- | --- | --- | --- | --- | --- | --- | --- | --- | --- | --- | --- | --- |
| GB  | 2.57 | 2.39 | 2.24 | 1.97 | 1.97 | 1.95 | 1.77 | 0.91 | 0.61 | 0.20 | 0.19 | 0.10 | 0.07 |
| NYT | 3.34 | 2.26 | 1.59 | 1.71 | 1.58 | 2.89 | 1.47 | 1.09 | 0.41 | 0.21 | 0.14 | 0.09 | 0.08 |

[$n=2$]

　2文字の並び（2連字という）の出現頻度を調べることが式(6・10)で$n=2$，$m=26$の場合に相当する．しかし，たとえばTHとHTの出現頻度は異なるから一つにまとめることはできない．単語のできかたに規則性があるからである．さらに，パターンの数はAAからZZまで$26^2=676$個もあるので整理結果の表示が困難である．

　そこで，4ビットごとに区切って0000〜1111の16進数の集合として英語の文書を解析してみよう．この場合，$m=16$，いわば16文字のアルファベットで書かれた文章であるとみなすことができる．この解析に意味づけをすれば次のクイズが考えられる．

　パソコンのメモリー内容が1バイトごとに画面上で16進数表示されている．この内容が，文書ファイル（規則性が強い）とノイズ（ランダム性が強い）のどちらであるかを推定せよ．

## 6・2 多項分布

もし文書ファイルであれば，16進数単独でも連字でもクセがあるはずである．
"黄金虫"の全文（7万7千字）を対象とした解析結果を紹介しよう．表6・3は0〜Fが出現する確率であり，$n=1$ である．スペースに制約があるので小数点以下が四捨五入してある．ランダムであれば $100/16=6.3\%$ からのズレが小さいはずであるが，小説であるからムラは当然大きい．$6_{16}$，つまり0110のパターンが最も頻繁に現れることがわかる．

表6・3 The Gold-bug における 16 進数の出現確率（%）

| 16進数 | 0 | 1 | 2 | 3 | 4 | 5 | 6 | 7 | 8 | 9 | A | B | C | D | E | F |
|---|---|---|---|---|---|---|---|---|---|---|---|---|---|---|---|---|
| 確率 | 11 | 3 | 14 | 4 | 6 | 6 | 26 | 14 | 2 | 3 | 0 | 0 | 2 | 2 | 3 | 3 |

表6・4は，2連字，つまり隣り合った二つの16進数（$n=2$）が出現する確率である．ただし，小数点以下を四捨五入したために総和は94%となっている．数字を見ればまれな2連字が多数ある一方で，$20_{16}$（9.2%），$06_{16}$（5.3%），$65_{16}$（5.0%）が出やすいことがわかる*．もしランダムであればすべての欄が $100/16^2=0.4\%$ に近いはずであるが，$n=1$ の場合と同様にムラは大きい．また，対角線について非対称なので二つの16進数の対 XY と YX で確率が異なる．これらは非ランダム性，つまり規則性が強くはたらい

表6・4 The Gold-bug における 2 連字 16 進数の出現確率（%）

|  | 0 | 1 | 2 | 3 | 4 | 5 | 6 | 7 | 8 | 9 | A | B | C | D | E | F |
|---|---|---|---|---|---|---|---|---|---|---|---|---|---|---|---|---|
| 0 | 0 | 0 | 1 | 0 | 0 | 0 | 5 | 3 | 0 | 0 | 0 | 0 | 0 | 0 | 0 | 0 |
| 1 | 0 | 0 | 0 | 0 | 0 | 0 | 1 | 1 | 0 | 0 | 0 | 0 | 0 | 0 | 0 | 0 |
| 2 | 9 | 0 | 1 | 0 | 0 | 0 | 2 | 1 | 0 | 0 | 0 | 0 | 1 | 0 | 0 | 0 |
| 3 | 0 | 0 | 1 | 0 | 0 | 0 | 2 | 1 | 0 | 0 | 0 | 0 | 0 | 0 | 0 | 0 |
| 4 | 0 | 0 | 2 | 0 | 0 | 0 | 3 | 0 | 0 | 0 | 0 | 0 | 0 | 0 | 0 | 0 |
| 5 | 0 | 0 | 2 | 0 | 0 | 0 | 2 | 2 | 0 | 0 | 0 | 0 | 0 | 0 | 0 | 0 |
| 6 | 0 | 3 | 1 | 1 | 2 | 5 | 2 | 1 | 2 | 2 | 0 | 0 | 1 | 1 | 3 | 3 |
| 7 | 1 | 0 | 3 | 2 | 4 | 1 | 1 | 1 | 0 | 1 | 0 | 0 | 0 | 0 | 0 | 0 |
| 8 | 0 | 0 | 0 | 0 | 0 | 0 | 2 | 0 | 0 | 0 | 0 | 0 | 0 | 0 | 0 | 0 |
| 9 | 0 | 0 | 1 | 0 | 0 | 0 | 2 | 1 | 0 | 0 | 0 | 0 | 0 | 0 | 0 | 0 |
| A | 0 | 0 | 0 | 0 | 0 | 0 | 0 | 0 | 0 | 0 | 0 | 0 | 0 | 0 | 0 | 0 |
| B | 0 | 0 | 0 | 0 | 0 | 0 | 0 | 0 | 0 | 0 | 0 | 0 | 0 | 0 | 0 | 0 |
| C | 0 | 0 | 1 | 0 | 0 | 0 | 1 | 0 | 0 | 0 | 0 | 0 | 0 | 0 | 0 | 0 |
| D | 0 | 0 | 0 | 0 | 0 | 0 | 0 | 0 | 0 | 0 | 0 | 0 | 0 | 0 | 0 | 0 |
| E | 0 | 0 | 1 | 0 | 0 | 0 | 1 | 0 | 0 | 0 | 0 | 0 | 0 | 0 | 0 | 0 |
| F | 0 | 0 | 0 | 0 | 0 | 0 | 1 | 1 | 0 | 0 | 0 | 0 | 0 | 0 | 0 | 0 |

---

\* $20_{16}$ が多いのは空白（ホワイトスペース）も読み込んでいるからである．

### 6・2・3 遺伝子のエントロピー

謎に満ちたテキストに前節の手法を適用して表6・3と表6・4を作成した例があるので紹介しよう.そのテキストとは遺伝子であり,テキストよりは暗号書というべきかもしれない(参考文献11参照).遺伝子は $m=4$ つまりアデニン(A),シトシン(C),チミン(T),グアニン(G)の4文字をアルファベットとする文字列とみなすことができるので,$n=1$ と $n=2$ の確率をさまざまな生物種について計算して,種による違い,進化による違いが調べられている.その研究で用いられた量が**エントロピー**であり,それに関連する**冗長度**である.

$n=1$ のエントロピーは,

$$H_1 = -\sum_{i=1}^{m} p_i \log_2 p_i \qquad (6・11)$$

で定義される.$p_i$ は $i$ 番目のアルファベット文字の出現確率.$\log_2$ は2を底とする対数である.$H_1$ が最大値 $H_{1,\max}$ になるのは,すべての $p_i$ が同じ値 $1/m$ をとる場合であり,

$$H_{1,\max} = -\sum_{i=1}^{m} \frac{1}{m} \log_2 \frac{1}{m} = \log_2 m = 2 \qquad (6・12)$$

である.もし遺伝子が,意味のないランダムな塩基配列であれば $H_{1,\max}$ が実現する.そして最大値からのずれ

$$D_1 = H_{1,\max} - H_1 \qquad (6・13)$$

を求める.

次に $n=2$ のエントロピーは,

$$H_2 = -\sum_{i=1}^{m}\sum_{j=1}^{m} p_{ij} \log_2 p_{ij} \qquad (6・14)$$

で定義される.$p_{ij}$ は $i$ 番目と $j$ 番目のアルファベット文字が並ぶ確率である.もし,これらの文字が勝手に(独立して)出現すれば $p_{ij}=p_i p_j$ が成り立つからそのときの値を $H_{2,\mathrm{ind}}$ としよう(ind は independent からきている).そうすれば式(6・14)は,

$$H_{2,\mathrm{ind}} = -\sum_{j=1}^{m} p_j \sum_{i=1}^{m} p_i \log_2 p_i - \sum_{i=1}^{m} p_i \sum_{j=1}^{m} p_j \log_2 p_j = 2H_1 \qquad (6・15)$$

である.それからのずれ

$$D_2 = H_{2,\mathrm{ind}} - H_2 \qquad (6・16)$$

を求める.こうしてシャノン(Claude Shanon)の冗長度

$$R = \frac{D_1 + D_2}{\log_2 m} \qquad (6・17)$$

が得られる．生物種の遺伝子に対する適用例については参考文献11を参照していただきたい．

### 演習問題

**6・1**［二項分布の特性］　二項分布の平均と分散が，それぞれ式(6・3)と式(6・4)で与えられることを確かめよ．

**6・2**［二項分布の極限］　$n$ も $\nu$ も十分大きければ，式(6・2)が式(6・5)で近似できることを示せ．

**6・3**［表計算ソフトの活用］　表6・2をヒストグラムとして図示せよ．GBとNYTとの間で順位の逆転が目立つところがあれば指摘せよ．

**6・4**［表計算ソフトの活用］　表6・2のデータについてエントロピー $H_1$ を計算せよ．

# 7 正規分布

測定データが従う確率分布モデルであり，きわめて実用性が高い．

## 7・1 正規分布の基本
### 7・1・1 定 義
　確率分布のうちで最も普通の分布が**正規分布**（normal distribution）$G_{\mu,\sigma}(x)$ である．その定義は，

$$G_{\mu,\sigma}(x) = \frac{1}{\sigma\sqrt{2\pi}} \exp\left(-\frac{1}{2}z^2\right) \tag{7・1}$$

$$z = \frac{x-\mu}{\sigma} \tag{7・2}$$

であり，すでに式(6・5)で登場した．$\exp(\cdots)$ は指数関数であり，引数が簡単であれば $e^{\cdots}$ とべき乗の形に書くこともある．この分布関数の概形は，中心が $\mu$ にあり，幅がおよそ $2\sigma$ の釣鐘であることを確認しておこう．

　正規ということばから"こうあるべき"という印象を受けるが，この分布関数で説明できる事例がきわめて多いことを物語っているにすぎない．正規分布は本書で今後何度も登場する．

　正規分布は**ガウス**（Gauss）**分布**ともよばれる．誤差の研究で有名になったガウスにちなんでつけられたよび名であるが，そのとき使われた $e^{-x^2}$ の形の関数をガウス関数とよぶようにもなった．しかし，ガウスの名はさまざまな分野で使われる（ガウス型関数のほかにもガウス型ノイズ，ベクトル解析のガウスの定理，ガウス積分，磁場の古い単位）．また，統計力学ではガウス分布に従う現象がごく普通にみられる（分子速度や拡散濃度）．一方，誤差論やデータ処理の分野では正規分布という用語の方がよく使われているようである．

### 7・1・2 正規分布はどこから
　なぜ多くの事象が正規分布に従うのかを説明することは意外と難しい．よく聞く説明は"多くの因子がランダムに関与すれば結果として正規分布になる"というものである

(§7・6の中心極限定理)．これは"二項分布の極限が正規分布"であることから受け入れやすい論理であるが，因子を具体的にあげてくださいといわれたら答えに窮してしまう．事実として正規分布がごく普通にみられると受け入れるしかなかろう．

## 7・2 正規分布の特性
### 7・2・1 正規分布のモーメント

§4・2・2の計算を正規分布に当てはめてみよう．まず0次のモーメントは，

$$\int_{-\infty}^{\infty} G_{\mu,\sigma}(x)\,dx = 1 \tag{7・3}$$

である．これは確率分布についての規格化積分であるから，成り立つのは当然である．それでもあえて直接に証明したければ付録の積分公式(B・1)を用ればよい．

次に1次のモーメント，つまり平均は，

$$\bar{x} = \int_{-\infty}^{\infty} x G_{\mu,\sigma}(x)\,dx = \mu \tag{7・4}$$

である．これは $\mu$ の定義でもあるのでやはり成り立って当然であるが，積分計算によって証明するには釣鐘型の $G_{\mu,\sigma}(x)$ を原点に移動するとよい．そこで，

$$x - \mu = \xi \tag{7・5}$$

とおけば式(7・4)の積分は，

$$\int_{-\infty}^{\infty} (\mu+\xi) G_{0,\sigma}(\xi)\,d\xi = \mu \int_{-\infty}^{\infty} G_{0,\sigma}(\xi)\,d\xi + \int_{-\infty}^{\infty} \xi G_{0,\sigma}(\xi)\,d\xi \tag{7・6}$$

に変形できる．$G_{\mu,\sigma}$ が $G_{0,\sigma}$ に変わったことに留意してほしい．右辺の初項には式(7・3)が適用でき，第2項は奇関数の積分でゼロであるから式(7・4)が証明できる．

式(7・4)を"$\mu$ のまわりの1次のモーメントはゼロである"と解釈することができる．つまり，式(7・4)は次式

$$\overline{x-\mu} = \int_{-\infty}^{\infty} (x-\mu) G_{\mu,\sigma}(x)\,dx = 0 \tag{7・7}$$

と同等である*．

次に $\mu$ のまわりの2次のモーメントは，式(7・5)と付録の式(B・3)を用いて分散であることがわかる．つまり，

$$\overline{(x-\mu)^2} = \int_{-\infty}^{\infty} (x-\mu)^2 G_{\mu,\sigma}(x)\,dx = \int_{-\infty}^{\infty} \xi^2 G_{0,\sigma}(\xi)\,d\xi = \sigma^2 \tag{7・8}$$

である．実は式(7・8)は正規分布が式(4・4)を満足することを追認したに過ぎない．

---
\* 差の平均は平均の差に等しいから当然である．

## 7・2・2 σ の 意味

"測定結果の±σ幅は〇〇〜△△である"ということがよくある.σが小さければ小さいほど精度の高い測定である.それではσそのものにどのような意味があるのかを調べてみよう.測定値が$\mu-\sigma$から$\mu+\sigma$の範囲内に見つかる確率は図7・1の面積の割合に等しく,

$$\int_{-\sigma}^{\sigma} G_{\mu,\sigma}(x)\,\mathrm{d}x = 68.26\% \tag{7・9}$$

である.測定データの約2/3が±σの範囲内に収まる.幅を2倍に広げれば,

$$\int_{-2\sigma}^{2\sigma} G_{\mu,\sigma}(x)\,\mathrm{d}x = 95.45\% \tag{7・10}$$

となり,ほとんどすべての測定結果は±2σの範囲内に収まる.

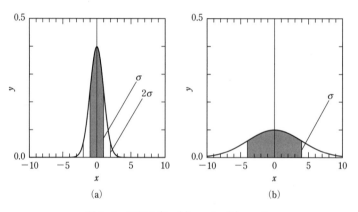

図7・1 正規分布.(a) σ=1, (b) σ=4

## 7・3 標準偏差を伴ったデータを平均すること

このあとの章で正規分布に基づいてさまざまな命題を考察していくが,ここでは手始めに重み付き平均の式(5・13)が成り立つことを説明しよう.ある実験で物理量$x$の値を測定した結果,次のように不確かさをもったデータの組

$$(x_1,\sigma_1),\ (x_2,\sigma_2),\ \cdots,\ (x_n,\sigma_n) \tag{7・11}$$

が得られたとする.このような状況は,たとえば,複数の実験室で同種の測定データを出した場合に実現する.その際,各実験室では一つのデータを得るために複数回の測定を行っているはずである.このデータセットから平均値を求めよというのが式(5・13)で提示された問題であった.

この問題を統計学の視点で眺めてみよう.同一の母集団に対してサンプリングを行っ

## 7・3 標準偏差を伴ったデータを平均すること

て $n$ 組の平均値と標準偏差のセット(7・11)が得られている．今知りたいのは母集団の特性である．

この問題の意味を直感的に知るために，データが $n=4$ 個の場合を図7・2で図解した．上下に伸びた楕円*は $G_{x_k, \sigma_k}(x)$ を表している（$k=1, \cdots, 4$）．楕円の中心がデータであり，その不確かさを上下の幅と濃淡で表してある．濃ければ $G_{x_k, \sigma_k}(x)$ の値が大きい．右端の釣鐘は，4組のデータ（楕円）を生じた母集団の確率分布関数である．ピーク位置の $\mu$ と広がり幅 $\sigma$ が知りたい情報である．それらの値を推定するためにわれわれができることは，四つの分布関数の積をつくることである．そして積のピークが釣鐘の頭になると予想される．

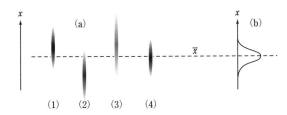

図7・2 誤差を伴うデータの統計処理．(a) 4個のデータ，(b) 母集団の確率分布．

この考え方をデータの組(7・11)に適用しよう．各データの正規分布の積 $\Pi(x)$ は，

$$\Pi(x) = G_{x_1, \sigma_1} \cdots G_{x_n, \sigma_n} = \frac{1}{(2\pi)^{\frac{n}{2}} \sigma_1 \cdots \sigma_n} \exp\left[-\frac{(x-x_1)^2}{2\sigma_1^2} - \cdots \frac{(x-x_n)^2}{2\sigma_n^2}\right] \tag{7・12}$$

である．これを整理して，

$$\Pi(x) = \frac{1}{(2\pi)^{\frac{n}{2}} \sigma_1 \cdots \sigma_n} \exp\left[-\frac{(x-\bar{x})^2}{2\sigma_{\bar{x}}^2}\right] \exp\left(-\frac{1}{2}\chi_0^2\right) \tag{7・13}$$

という $x$ についてのガウス型分布関数が得られる．そして，定数項の残りをまとめたものが $(1/2)\chi_0^2$ である．この関数のピーク位置は $\bar{x}$ で広がり幅が $\sigma_{\bar{x}}$ であるから，各データを生じたデータに対する母集団の確率分布関数が一応得られた．一応というのは，規格化積分が $\int \Pi(x) dx \neq 1$ なので確率としての条件を満足していないからである．しかし，適当な定数を掛ければこの問題は解決するので，気にせず次に進もう．まず式(7・13)のパラメーターを次に書き下しておく．平均値は，

$$\bar{x} = \frac{1}{\frac{1}{\sigma_1^2} + \frac{1}{\sigma_2^2} + \cdots + \frac{1}{\sigma_n^2}} \left(\frac{x_1}{\sigma_1^2} + \frac{x_2}{\sigma_2^2} + \cdots + \frac{x_n}{\sigma_n^2}\right) \tag{7・14}$$

---

\* 紙面から分布関数が飛び出ていることを楕円の太さと濃淡で表している．

であり，分布幅は，

$$\frac{1}{\sigma_{\bar{x}}^2} = \frac{1}{\sigma_1^2} + \frac{1}{\sigma_2^2} + \cdots + \frac{1}{\sigma_n^2} \tag{7・15}$$

である．定数項は，

$$\chi_0^2 = \sum_{i=1}^{n} \frac{(x_i - \bar{x})^2}{\sigma_i^2} \tag{7・16}$$

である．この $\chi_0^2$ は分散に似ているが，平均値からのずれと標準偏差の比の二乗和の形なので，あとの章で取り上げるカイ二乗の一種である．したがって，べき乗の2をつけておく．

結果を整理しよう．正規分布の積 $\Pi(x)$ を最大にする $x$ は，式(7・14)で定義される加重平均 $\bar{x}$ である．この意味は，$i$ 番目のデータの重みを

$$w_i = \frac{1}{\sigma_i^2} \tag{7・17}$$

として加重平均を取るということであり，式(5・13)への根拠づけができた．

平均値 $\bar{x}$ の不確かさ $\sigma_{\bar{x}}^2$ についてはどうであろうか．式(7・15)は，各データの不確かさ $\sigma_k^2$ の逆数の和で，つまり重み $w_i$ の和で決まることを示している．極端な場合として，$i=1$ のデータ精度が他のデータに比べて高い場合，$\sigma_{\bar{x}}^2$ も $\bar{x}$ も $i$ 番目のデータのそれで決まる．当たり前のことがきちんと説明できる．他のいくつかの場合については以下で考察しよう．

### 7・3・1 データの標準偏差が同じ場合

各データの標準偏差が同じ，つまり $\sigma_1 = \cdots = \sigma_n = \sigma_x$ の場合を調べると，

$$\bar{x} = \frac{x_1 + x_2 + \cdots + x_n}{n} \tag{7・18}$$

$$\sigma_{\bar{x}} = \frac{\sigma_x}{\sqrt{n}} \tag{7・19}$$

$$\chi_0^2 = \frac{1}{\sigma_x^2} \sum_{i=1}^{n} (x_i - \bar{x})^2 \tag{7・20}$$

となる．$\bar{x}$ は単純平均であり，$\sigma_{\bar{x}}$ はデータの標準偏差の $\dfrac{1}{\sqrt{n}}$ に減る．

### 7・3・2 データの標準偏差が定数倍となった場合

すべての $\sigma_i$ が $\beta$ 倍になって

$$\sigma_i(\beta) = \beta \sigma_i \tag{7・21}$$

となれば式(7・14)から式(7・16)は次のように変わる．

$$\overline{x(\beta)} = \bar{x} \tag{7・22}$$

$$\sigma_{\bar{x}}(\beta) = \beta \sigma_{\bar{x}} \tag{7・23}$$

$$\chi_0^2(\beta) = \frac{1}{\beta^2} \chi_0^2 \tag{7・24}$$

一方，$\Pi(x)$ については，$\beta$ が1より大きければ頂点の位置が低くなると同時に頂点の曲率が小さくなる．いわば，押し潰された釣鐘になる．

## 7・4 定義域が非対称の正規分布あるいは形が非対称の正規分布

$G_{\mu,\sigma}(x)$ の定義域は $-\infty < x < \infty$ であるが，理工学では物理量が正の値しかとらないことが多い．確かに負の質量も負の体積も存在しない．このような場合，定義域には一応負も含めるが，現実には負の値を取る確率はゼロであると解釈する．

しかし，$\mu$ の位置が原点に近いと，原点 $x=0$ での値も無視できなくなる．現実には原点でゼロなので，もし原点を通るように確率分布曲線のグラフを修正すればグラフの左右対称性が崩れてくる．一般に左右非対称の分布は"ひずんでいる（skewed）"というので，しいて言えばひずんだ正規分布（skewed normal distribution）となる．

学会発表や学術論文で $0 < x < \infty$ で定義される物理量について"平均値が $\mu$，標準偏差が $\sigma$ のガウス分布が得られました"という報告がたまに見受けられる．しかし，報告の中の図を精査するとグラフが左右非対称になっていることがある．そのような場合，分布のひずみについて言及がなされるべきである．

## 7・5 測定で得られた平均値はどこまであてになるか：
## スチューデントの $t$ 分布

これまで平均値 $\mu$ を当たり前のように使ってきたが，現実に求められる平均値 $\bar{x}$ は $\mu$ への推定値でしかない（しかし，これ以外の推定値は考えられないのであるが）．そこで次の変数 $t$ の統計分布に興味がもたれる．

$$t = \frac{\bar{x} - \mu}{\frac{s}{\sqrt{n}}} \tag{7・25}$$

ここで，正規分布 $G_{\mu,\sigma}(x)$ からサンプリングで得られた $n$ 個のデータ $x_1, \cdots, x_n$ についての平均値が $\bar{x}$，そしてそれらのデータから得られた標本標準偏差が $s$ である．分母の $\frac{s}{\sqrt{n}}$ は式 (5・25) と同じ関係であり，$s_{\bar{x}}$ とおいてもよい．そのような状況のもとでの $t$ の分布のことを**スチューデントの $t$ 分布**という*．$t$ の分布関数 $f(t)$ は，

---

\* スチューデントは，統計学者 W. S. Goose のペンネームである．

$$f(t) = \frac{1}{\sqrt{d\pi}} \frac{\Gamma\left(\frac{1}{2}(d+1)\right)}{\Gamma\left(\frac{1}{2}d\right)} \left(1 + \frac{t^2}{d}\right)^{-\frac{1}{2}(d+1)} \tag{7・26}$$

であることがわかっている(参考文献2のp.223参照)．$d$ は自由度であり，データの個数が $n$ であれば $d=n-1$ である．1を引くのは，平均値の計算にデータが使われるからである．$\Gamma$ はガンマ関数である．図7・3は自由度が $d=1, 2, 5, 10, \infty$ についての $f(t)$ のグラフである．$t \to \pm\infty$ で $f(t)$ は $t$ のべき乗で減衰するので $f(t)$ は正規分布ではない点に注意したい．もし，十分な量のデータ ($n \to \infty$) を取って平均すれば $t$ の分布は正規分布に一致する，つまり $\bar{x}=\mu$ となる．このことは次に述べる中心極限定理とも合致する．$x$ と $t$ の意味の違いはわかりにくいが，それぞれの統計をコンピューターシミュレーションで調べられるので改めて取上げることにしよう(図8・8参照)．

さて，有限な個数 $n$ のデータをサンプリングしていく場合，

$$-t_0 < t < t_0 \tag{7・27}$$

の割合が，たとえば95％となるような $t_0$ の値を決めることができる．この割合の意味は，図7・4でいえば網掛け(黒い)部分の面積が5％ということである．

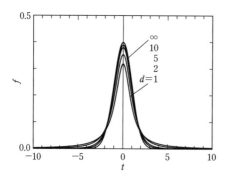

図7・3 スチューデントの $t$ 分布

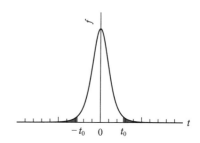

図7・4 スチューデントの $t$ 分布の95％信頼区間 (網掛け部分が5％)

これは正規分布で $|x/\mu|<2\sigma$ となる確率が95.45％であることと似ている．そして，式(7・27)を変形して，

$$\bar{x} - \frac{t_0 s}{\sqrt{n}} < \mu < \bar{x} + \frac{t_0 s}{\sqrt{n}} \tag{7・28}$$

を $\mu$ に対する95％の信頼区間であるという．いくつかのざまな $d$ に対する95％のス

チューデントの $t$ 分布の $t_0$ 値を表7・1に示す. なお, ここでの $t_0$ 値は, 参考文献2 (p.224) の表で A が 95% の場合の $t$ 値に相当する.

**表7・1** スチューデントの $t$ 分布. 95% における $t_0$ の値.

| $d$ | 2 | 4 | 6 | 8 | 10 | 12 | 14 | 16 | 18 | 20 | 25 | 30 |
|---|---|---|---|---|---|---|---|---|---|---|---|---|
| $t_0$ | 4.30 | 2.78 | 2.45 | 2.31 | 2.23 | 2.18 | 2.14 | 2.12 | 2.10 | 2.09 | 2.06 | 2.04 |

## 7・6 中心極限定理

中心極限定理とは変数 $x$ のサンプル数が多くなれば $x$ は正規分布に従うようになるという定理である. もっと詳しくいえば, $x$ がランダム変数 $\xi_i$ の和

$$\xi_x = \xi_1 + \cdots + \xi_n \qquad (7 \cdot 29)$$

で表せられれば, 各ランダム変数がどのような分布に従うかによらず期待値

$$\bar{x} = \overline{\xi_x} = \overline{\xi_1} + \cdots + \overline{\xi_n} \qquad (7 \cdot 30)$$

も分散

$$\sigma_x^2 = \overline{\xi_x^2} = \sigma_1^2 + \cdots + \sigma_n^2 \qquad (7 \cdot 31)$$

も漸近的に正規分布 $G_{\bar{x}, \sigma_x}$ に従う (参考文献2の p.45 参照) というものである. 漸近的にとは $n$ が大きくなるにつれてという意味である. なぜ正規分布が重要なのかの根拠がこの定理であるが, それが成り立たない場合もある. たとえば, ランダム変数の分布にひずみがあればこの定理が成り立たない.

中心極限定理は $n$ が十分大きくないと成り立たないように思えるが, 意外と小さな $n$ でも構わない. その一例が, 少数個の一様乱数による正規乱数の生成である〔式(8・7)参照〕.

### 演習問題

**7・1**〔指数関数〕 $y = \exp(-x)$, $y = \exp(-x^2)$ に最も近いグラフを図7・5から選び出せ. 次のチェック項目(i)〜(iii)から判断せよ.

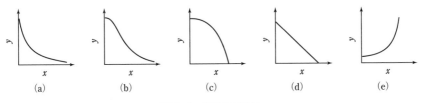

図7・5 関数のグラフ

(ⅰ) $x=0$ における曲線の傾きは,正・負・ゼロのうちどれか.
(ⅱ) $x\to\infty$ における $y$ の値は,ゼロ・有限・無限大のうちどれか.
(ⅲ) $x$ が取りうる値の範囲は有限か無限か.

**7・2 [ガウス関数]** $y=\exp[-a(x-b)^2]$ の型の関数を一般にガウス関数という. $a>0$ である.
(a) $b$ を一定とし,$a$ のみを大きくするとグラフの位置と形状はどう変わるか.
(b) $a$ を一定とし,$b$ のみを大きくするとグラフの位置と形状はどう変わるか.

**7・3 [正規分布のグラフ]** $\sigma=1$ の正規分布のグラフを Excel 上で描け.なお,描画範囲は $\pm 4\sigma$,点の個数は 100 程度とする.

**7・4 [正規分布の面積]** $\sigma=1$ の正規分布のグラフ(前問)の面積を台形公式で求めよ.はたして 1 になるであろうか.

**7・5 [$\pm\xi$ の確率]** 前問の正規分布のグラフの $\pm\sigma$ の範囲の面積を台形公式で求めよ.はたして 68% になるであろうか.

**7・6 [誤差を伴ったデータの平均]** 式(7・16)を導け.

**7・7 [スチューデントの $t$ 分布]** タバコ 15 本についてニコチン含有量を調べたところ,平均値が 22 mg,標本標準偏差が 5 mg であった.$\mu$ に対する 95% 信頼区間を求めよ.

**7・8 [スチューデントの $t$ 分布]** 変数 $t$ の分布関数(7・26)について次を説明せよ.
(a) $t\to\pm\infty$ で $f\to$(定数)$\cdot |t|^{-(d+1)}$ である.$d$ は 1 以上の正整数である.
(b) $d\to\infty$ で指数関数になる.

# 8 コンピューター実験

二項分布と正規分布についてコンピューター実験をしてみよう．データは乱数から得られるのでモンテカルロ・シミュレーション*ともいう．

## 8・1 乱　　数
### 8・1・1 乱　数　列

ランダムな数列を**乱数列**という．ランダムとは規則性がまったくないことである．それを判断するためには，さまざまな検定を適用してみて，規則性が見つからなければランダムであるといえる．

ランダムな数列であろうと思われるのが無理数における数字の並び，つまり1桁の整数からなる数列である．たとえば $\pi=3.14\cdots$ の隣り合った数字の対 $a_i a_{i+1}$（これは§6・2・2の2連字に相当する）の出現頻度を $a_i\text{-}a_{i+1}$ 面上で表現すれば均等な分布になると期待される．これは**頻度検定**（参考文献10参照）といわれる．

さて，ここでクイズを出してみよう．次の(i)～(ii)の三つの数は小数点以下50桁まで表示してある．これらを数列とみなせばランダムな数列といえるであろうか．

（ⅰ）3.1428571428 5714285714 2857142857 1428571428 5714285714

（ⅱ）3.1415929203 5398230088 4955752212 3893805309 7345132743

（ⅲ）3.1415926535 8979323846 2643383279 5028841971 6939937510

答えを述べよう．(i)には規則性がある．142857が繰返して現れるからである．実は，この数値は古くから $\pi$ の近似値として利用されてきた $\frac{22}{7}$ である．(ii)にはそのような繰返しが見られないがこれも $\pi$ の近似値の $\frac{355}{113}$ である．小数点以下112桁までなら疑似的にランダムであるといえる．(iii)は真の $\pi$ を小数点以下50桁まで表示したものであり，ランダムであると信じてよいが，これだけの桁数では(ii)と(iii)の間に相違点はみつけられない．2連字の出現頻度を改めて演習問題8・1で考察しよう．

このように数列の一部を取出して，その数列がランダムか否かを判断するのは容易

---

\* 乱数は次が読めない．そこは賭け事も同じという訳でフランスのリゾート地を連想してこうよばれるようになった．

ではない.

## 8・1・2 整数乱数

さて,実用上有用な乱数は,桁数の大きい数からなるランダムな数列である.同じ値が再び現れるまでの周期が十分長いので,たいていの目的にはランダムであるとみなせる.

整数の乱数列 $n_1, n_2, \cdots$ は,**レーマー** (D. H. Lehmer, 1951) **が発明した合同法**

$$n_{i+1} = k n_i \bmod m \tag{8・1}$$

で得られる.彼が用いたのは $k=23$, $m=10^8+1$ である.この式の意味は $k$ 倍して $m$ で割った余り (mod 演算) を順に取っていくというものである.よい乱数列であれば周期が $m-1$ であるが,次の例 ($k=23$, $m=13$, $n_1=1$) では周期が9なので $m-1$ より短い.

$$4 \to 16 \to 7 \to 9 \to 17 \to 11 \to 6 \to 5 \to 1 \to 4 \to \cdots$$

その後,さまざまな整数乱数列のアルゴリズムが考案されコンピューターに搭載されている.パソコンユーザーとしては,とりあえず完璧な乱数列を扱っていると信じて話を進めよう.

## 8・1・3 一様乱数

整数乱数 $n$ を $m$ で割って $\xi=n/m$ とすれば $0<\xi_i<1$ の乱数列 $\xi_1, \xi_2, \xi_3, \cdots$ が得られる.これらを確率変数 $\xi$ がそのつど取る値,つまり母集団に対するサンプリングで得られる値であると解釈することができる.ヒストグラムをつくれば0と1の範囲内で均一に分布するので $\xi$ を**一様乱数**という.

**a. 一様乱数の実際** Excel の RAND( ),Visual Basic の RND( ) が一様乱数である.一様乱数が示す性質は,これらの乱数関数を用いて実験することができる.他の関数と異なり,この関数は( )の中に何も入れる必要はない.

Excel では表の再計算のたびに新しい乱数が発生する.計算に関係のないセルに何か文字を一つ入力してもよいが,おそらく表の枠をクリックする(図8・1参照)のが最も簡便であろう.

コンピュータープログラムの場合には,乱数関数を実行するたびに新しい乱数が代入される.たいていの場合,膨大な数の乱数を使うので,乱数そのものではなく乱数を使って得られた結果を出力する.

**b. 一様乱数の応用** 例として一様乱数の平均を調べてみよう.無限個であれば分布関数は0と1の間で一定値1を取るから式(5・14)は,

$$\bar{\xi} = \int_0^1 x P(x) \, \mathrm{d}x = \int_0^1 x \, \mathrm{d}x = \frac{1}{2} \tag{8・2}$$

と予想される.次に一様乱数の二乗平均および二つの一様乱数の積の平均はそれぞれ

$$\overline{\xi^2} = \int_0^1 x^2 P(x)\,dx = \int_0^1 x^2\,dx = \frac{1}{3} \tag{8・3}$$

$$\overline{\xi\eta} = \overline{\xi}\cdot\overline{\eta} = \left(\frac{1}{2}\right)^2 = \frac{1}{4} \tag{8・4}$$

と予想される.

10 個の乱数でどのような平均が得られるかを図 8・1 に示す. 図の A 列で 10 個の一様乱数 $\xi_i$ を発生させている. B 列では別の乱数 $\eta_i$ を発生させて積 $\xi_i\eta_i$ を 10 個つくっている. C 列では $\xi_i^2$ をつくっている. 図の C と D の間の十字をクリックすれば乱数がすべて更新され, 13 行目の平均値も更新される. 確かに 1/2, 1/4, 1/3 のまわりでばらつくが, わかりにくい. 自分で試す場合には個数を 100 以上にするのがよい.

| | A | B | C | D |
|---|---|---|---|---|
| 1 | ξ | ξη | ξ² | |
| 2 | 0.85481553 | 0.32956445 | 0.73070958 | |
| 3 | 0.03948204 | 0.03588913 | 0.00155883 | |
| 4 | 0.42350319 | 0.0516227 | 0.17935496 | |
| 5 | 0.95465691 | 0.27925636 | 0.91136982 | |
| 6 | 0.29399802 | 0.2480774 | 0.08643484 | |
| 7 | 0.58403163 | 0.35417548 | 0.34109295 | |
| 8 | 0.6643681 | 0.52971912 | 0.44138498 | |
| 9 | 0.03138265 | 0.00083739 | 0.00098487 | |
| 10 | 0.9692073 | 0.52376616 | 0.9393628 | |
| 11 | 0.61726328 | 0.04652012 | 0.38101396 | |
| 12 | | | | |
| 13 | 0.54327087 | 0.23994283 | 0.40132676 | |

図 8・1 乱数の平均関数. 見出しの枠をクリックすると表示が切り替わる.

## 8・1・4 実用的な乱数

**a. 正規乱数 (1)** ヒストグラムが正規分布となる乱数であり, ボックス・ミュラー (Box-Müller) の方法が有名である. 一対の一様乱数から二つの正規乱数がつくられる. 平均が $\mu=0$, 標準偏差が $\sigma$ の分布関数を生じる乱数列は,

$$u_i = \sigma\sqrt{-2\ln\xi_i}\cdot\cos 2\pi\xi_{i+1} \tag{8・5}$$

$$u_{i+1} = \sigma\sqrt{-2\ln\xi_i}\cdot\sin 2\pi\xi_{i+1} \tag{8・6}$$

によってつくることができる.

**b. 正規乱数 (2)** 次の公式は, $k$ 個の一様乱数から $\sigma=1$ の正規乱数を 1 個生成

する．$k=6$が最適であるといわれている（参考文献10参照）．

$$u_i = \sqrt{12k}\left[\frac{\xi_1 + \xi_2 + \cdots + \xi_k}{k} - \frac{1}{2}\right] \quad (8\cdot7)$$

**c. 指数乱数** ヒストグラムが指数関数$\exp(-u/\tau)$となる乱数であり，次の公式が便利である．

$$u_i = -\tau \ln \xi_i \quad (8\cdot8)$$

**d. $n$値乱数** 等確率で$n$個の数，たとえば$0\sim(n-1)$あるいは$1\sim n$を発生させれば，さまざまな離散事象をシミュレーションすることができる．$n=2$であれば，1個のコインをトスして表を1，裏を0に対応させることができる．そのためにはセルに

```
=INT(2*RAND())
```

を代入してやればよい．2*RAND()は0と2の間で均等に発生する（はずである）から，それの整数部分をとれば0と1が均等に発生する*．

$n=6$であれば，サイコロの1～6の目が出る様子をシミュレーションすることができる．そのためには，

```
=INT(6*RAND())+1
```

を使う．

## 8・2 度数分布

ヒストグラムを描くうえで必要になるのが度数分布の情報である．データがファイルに入っていれば並べ替え（ソート，sort）でつくることができる．しかし，乱数の入った表計算であれば並べ替え操作を行うたびに新しい乱数が生成されるのでこの方法は使えない．度数分布作成用の関数を用いる必要がある．

### 8・2・1 並べ替えて求める

入学試験の成績を例に取ろう．図8・2でA列が点数である．まず点数を順に並べる．そのためにはExcelの"ホーム → 並べ替えとフィルター → ユーザー設定の並べ替え"で大きい順あるいは小さい順に並べ替える．次に点数区分の中に何名入っているかを数える．数え間違いを防ぐには，区分の先頭から1, 2, 3, …とフィルハンドルドラッグを行い，区分の最後でいくつになるかを調べるのがよいであろう．

### 8・2・2 FREQUENCY関数を用いて求める

FREQUENCY関数を用いれば乱数を発生させたあとで度数分布を求めることができ

---

\* 1と-1を均等に発生させたければ=IF(RAND()>0.5,1,-1)を用いればよい．

## 8・2 度 数 分 布

る．使い方が難しいので説明が必要であろう．

(ステップ1) 度数分布出力用の領域を選ぶ．図8・2では太枠の部分である*．

(ステップ2) 太枠領域の先頭にFREQUENCY関数を入力する．第一のパラメーターはデータ領域，第二のパラメーターは点数区分領域である．＄記号は不要である．また，ENTERキーはまだ押さない．

(ステップ3) CONTROL＋SHIFT＋ENTERのキーを押す．度数が表示される．なお，数式バーを見ると｛｝が自動的に追加されて｛=FREQUENCY(A2:A101,B2:B7)｝となっていることがわかる．

|   | A | B | C | D |
|---|---|---|---|---|
| C2 |   | =FREQUENCY(A2:A101, B2:B7) | | |
| 1 | データ | 点数区分 | 度数 | |
| 2 | 194 | 0 | ✥ | |
| 3 | 456 | 100 | | |
| 4 | 315 | 200 | | |
| 5 | 489 | 300 | | |
| 6 | 207 | 400 | | |
| 7 | 123 | 500 | | |
| 8 | 331 | | | |

図8・2　FREQUENCY関数の入力

### 8・2・3 整数化して仕分箱にしまう

$-a$〜$+b$の範囲内に計算結果があるとしよう．これを仕分箱に仕分けるにはいろいろな方法があるが，幅$w$で割って整数を取る方式が最も簡単であろう．できれば対称性を見やすくしたいので，0のまわりに仕分箱を対称に配置したい．図8・3は実数データと箱番号との対応づけの一例であり，$w=10$である．Pascal系のコンピューター言語であれば，箱番号をそのまま配列番号にできるが，一般には配列番号の最小値が0となるように調整せねばならない．

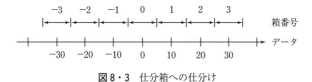

図8・3　仕分箱への仕分け

---

＊　最後のセルが一つ余分に選んであるが，旧版のExcelでは合計がそこに表示されていた．今では必要ない．

## 8・3 簡単なモンテカルロ・シミュレーション
### 8・3・1 Excel でつくる正規乱数

式(8・5)と式(8・6)の組が本当に標準偏差 $\zeta$ の乱数を発生させるかを Excel でチェックしてみよう. もし否定的な答が出ればコンピューター実験ができないことになる. さて, 図 8・4 は $\sigma=2$ の正規乱数 (B列) を 100 個発生させている (演習問題 8・3). その際, B3 セルと B4 セルをまとめてコピーしたあと, B5 セルから B102 セルの範囲に貼りつけた. おのおのの乱数の 2 乗 (C列) を計算したあと, $n$ で指定する個数 (10〜100) の平均, つまり分散を AVERAGE 関数で計算し (E列), そして平方根を計算 (F列) している. この平均は, §5・2 の積み上げ平均に相当する.

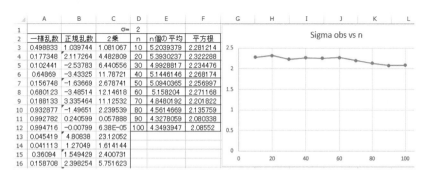

図 8・4 $n$ 個の正規乱数の分散と標準偏差

$n$ の値 (D列) に対して F 列をプロットしたものが図の折れ線グラフである. 予想どおり 2 に向かって収束しているが, この図では上から近づいている. しかし, 他の収束パターンも観察できるのであって, 違う乱数を新たに 100 個発生させれば下から近づく図, あるいは 2 のあたりでうろうろする図も見られる. このように 100 程度のサンプル数では, コンピューター実験を進めても問題はなさそうという定性的な結論にとどまる.

### 8・3・2 $(n-1)$ で割って標準偏差とせよというのは本当か

式(5・17)において, 標準偏差は $n$ ではなく, $(n-1)$ で割る方がよい, なぜなら本来の $\sigma$ (母集団の $\sigma$) へのよい推定値になるからと述べた. 実用上は気にならないが, ここでは本当にそうなのか検証してみよう. そこで, $n$ が一番小さい場合 ($n=2$) について, 正規乱数のペアを 50 組発生させ, それらを測定値とみなして次の(a)〜(c)の量を計算してみよう.

(a) 式(5・17)で定義される $\sigma_x$ を STDEV 関数で計算する.

(b) (a)で求めた値を $\sqrt{\dfrac{n-1}{n}}$ 倍して式(5・15)の $\sigma_x$ とする.

## 8・3 簡単なモンテカルロ・シミュレーション

(c) 本来の $\sigma$ の推定値として $\sqrt{\frac{1}{2}(x_1{}^2+x_2{}^2)}$ を計算．これは，式(5・15)の $\bar{x}$ に母集団での値のゼロを代入したことになる．

結果を図8・5に示す．図のA列とB列は図8・4（$\sigma=2$）のものと同じである．C列，D列，E列はそれぞれ(a)，(b)，(c)の方法で計算した結果である．●がF列にあれば(a)の方法で計算した値が本来の $\sigma$ に最も近いことを示している．計算式は，

$$\text{=IF}(as=\text{MIN}(as, bs, cs),"●","")$$

である．$as$ は(a)で計算した $\sigma_x$ と計算に用いた $\sigma$ との差である*．以下G列，H列の●はそれぞれ(b)あるいは(c)の方法で計算した標準偏差が最良であることを示している．I3は(a)が最良の●の度数であり，

$$\text{=COUNTIF}(\text{I4:I103},"=●")$$

を使っている．以下，J3とK3はそれぞれ(b)と(c)が最良の度数である．この回の成績は(c)＞(a)＞(b)である．異なる乱数の組を発生させても結果は変わらない．この結果は次のように整理できる．

1) "(a)が最良の度数"＞"(b)が最良の度数" であるから，正規分布に従うと考えられるデータから母集団の標準偏差を推定するには，平均値 $\bar{x}$ を計算して二乗和を出した後，$n$ ではなく，($n-1$)で割る方がよいことが確かめられた．
2) (c)が最良の計算方法であるから，もし先験的に $\bar{x}$ の値，つまり母集団の $\mu$ がわかっていればそれを使って $n$ で割れば母集団の標準偏差の最良の推定値になる．しかし，現実の測定では実現不可能である．

| | A | B | C | D | E | F | G | H | I | J | K | L |
|---|---|---|---|---|---|---|---|---|---|---|---|---|
| 1 | | | $\sigma=2$ | | | | | | | | | |
| 2 | 一様乱数 | 正規乱数 | [a] n−1 | [b] n | [c] av=0 | win [a] | win [b] | win [c] | 勝点1 | 勝点2 | 勝点3 | 計 |
| 3 | 0.72599 | 1.14315 | | | | | | | 17 | 11 | 22 | 50 |
| 4 | 0.12339 | 1.12025 | 0.0162 | 0.01145 | 1.13176 | | | ● | | | | |
| 5 | 0.16341 | −3.806 | | | | | | | | | | |
| 6 | 0.50325 | −0.0776 | 2.63638 | 1.8642 | 2.69183 | ● | | | | | | |
| 7 | 0.79329 | 0.42242 | | | | | | | | | | |
| 8 | 0.19978 | 1.29386 | 0.6162 | 0.43572 | 0.96242 | | ● | | | | | |
| 9 | 0.04003 | −0.3301 | | | | | | | | | | |
| 10 | 0.73964 | −5.0632 | 3.34682 | 2.36656 | 3.58783 | ● | | | | | | |

図8・5 ($n-1$)で割るか $n$ で割るか

---

\* $as, bs, cs$ の具体的な式については演習問題8・4を参照．

## 8・3・3 誤差の加算と減算

二つの量 $A$ と $B$ を 20000 回測定する実験をコンピューター上で実行しよう．つまり，

$$x_A = \overline{x_A} + \delta x_A \qquad (8 \cdot 9)$$
$$x_B = \overline{x_B} + \delta x_B \qquad (8 \cdot 10)$$

の和あるいは差 $X$ を計算しよう．ここで，$\delta x_A$ と $\delta x_B$ は，それぞれ標準偏差が $\sigma_A$ と $\sigma_B$ の正規分布に従う確率変数である．$X$ の測定値は，

$$x_X = x_A \pm x_B = (\overline{x_A} \pm \overline{x_B}) + \delta x_X \qquad (8 \cdot 11)$$

となり，誤差は，

$$\delta x_X = \delta x_A \pm \delta x_B \qquad (8 \cdot 12)$$

である．

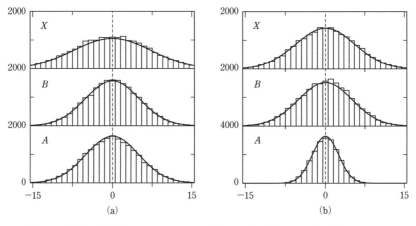

**図 8・6** 誤差の演算結果のヒストグラム（幅 $w=2$）．(a) $X = A - B$，(b) $X = A + B$

誤差の計算結果を図 8・6 に示す．横軸は幅が $w=2$ の仕分箱につけられた番号，縦軸はデータの個数である．曲線はヒストグラムを正規分布の関数形で当てはめたものであり，表 8・1 のように整理できる．

**表 8・1** 誤差の加減算

| 図 | $\sigma_A$ | $\sigma_B$ | $\sigma_X$ | $\sqrt{\sigma_A^2 + \sigma_B^2}$ |
|---|---|---|---|---|
| (a) | 10.0 | 10.1 | 14.5 | 14.2 |
| (b) | 4.95 | 10.2 | 11.1 | 11.3 |

これら二つの結果は，$A$ と $B$ の和も差も誤差は，

## 8・3 簡単なモンテカルロ・シミュレーション

$$\sigma_X^2 = \sigma_A^2 + \sigma_B^2 \tag{8・13}$$

という二乗和で与えられることを示唆している．これは統計学で重要な定理であるが，背後には正規分布が前提としてあることを認識せねばならない．

### 8・3・4 一様乱数の差

§3・4・3で〇時〇分で表示されるデジタル時計を用いて所要時間を測ることを取上げた．そして，表示に伴う誤差は0〜59秒にわたる一様乱数であると判断した．ここではその前提に基づいて時刻の差がもつ誤差を実験してみよう．式(8・9)と式(8・10)にならって出発と到着の時刻を

$$T_A = T_{A,0} + \delta T_A$$

$$T_B = T_{B,0} + \delta T_B$$

とおくことができる．右辺第1項は分単位の表示データ，第2項は0〜59秒の一様乱数である．表示データの差 $T_{B,0} - T_{A,0}$ の値にかかわらず誤差は同じであるから，誤差の差 $\delta T_X = \delta T_B - \delta T_A$ にのみ注意を払うことにしよう．計算結果を図8・7に示す．$A$ と $B$ はそれぞれ $\delta T_A$ と $\delta T_B$ のヒストグラム，$X$ は $\delta T_X$ のヒストグラムである．いずれも横軸は幅が $w=5$ の仕分箱につけられた番号，縦軸は頻度である．ゼロが仕分箱の真ん中になるように区切ってあるので，$A$ と $B$ の両端の仕分箱では，幅が半分になっている．そのため頻度が約半分になっているが，$\delta T_X$ の計算には影響しない．$\delta T_X$ の誤差範囲は $-60$ 秒から $+60$ 秒にわたるが，正規分布ではなく**三角分布**という特殊な分布である．

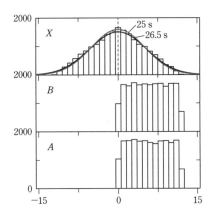

図8・7 デジタル表示時刻の差のヒストグラム（仕分箱の幅 $w=5$ 秒）．$A$ と $B$ は一様分布，$X$ は三角分布．曲線は標準偏差 $\sigma=25$ s, 26.5 s の正規分布による近似．

これを正規分布で近似すれば $\sigma = 26\,\mathrm{s} \sim 27\,\mathrm{s}$ に相当すると見積もることができる．

### 8・3・5 スチューデントの $t$ 分布

スチューデントの $t$ とは，式(7・25)，つまり次式で定義される量である．

$$t = \frac{\bar{x} - \mu}{\dfrac{s}{\sqrt{n}}}$$

ここで $\bar{x}$ は，$G_{\mu,\sigma}(x)$ に従うランダム変数 $x$ を $n$ 回サンプリングして得られた平均値であり，同時に標本標準偏差 $s$ を計算する．$\bar{x}$ と $s$ を求めることは，実験結果の整理作業をシミュレーションすることに他ならない．ここでは，$n=4$，$\mu=0$ として10000個の $x$ を発生させて次の点を確認しよう．

 （ⅰ）$t$ の分布はガウス分布ではない．
 （ⅱ）$t$ の分布は $\sigma$ によらない．

$\sigma=10$ についてのシミュレーション結果を図8・8に示す．(a)は母集団の特性であり，確かに $\sigma=10$ の正規分布である．(b)は測定行為をシミュレーションして得られた $t$ の分布である．破線は理論曲線を重ね合わせたものであり，(a)は式(7・1)，(b)は式(7・26)でそれぞれ定義される．そして，ピーク位置のみをヒストグラムのピークに合わせてある．$t$ の分布は両端に向かってすそを引いており，ガウス分布とは異なる．また，$\sigma$ を半分にしても倍にしても $t$ の分布が変わらないことを別のシミュレーションで確認

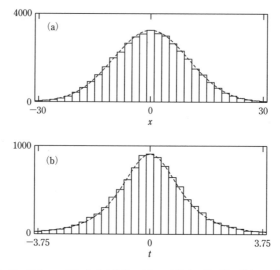

図8・8 スチューデントの $t$ 分布．(a) $x$ の分布，$\xi=10$．(b) $t$ の分布．

することができる.こうして上であげた2点が納得できたであろう*.

### 演習問題

**8・1**［乱数列］ §8・1・1 の数列(a)〜(c)について2連字 $a_i$-$a_{i+1}$ の出現頻度を $a_i$-$a_{i+1}$ 面上にプロットせよ.そしてパターンを比較せよ.

**8・2**［一様乱数の発生と平均］ 図8・1において次の設問に答えよ.
(a) A2セルの内容　(b) B2セルの内容　(c) C2セルの内容　(d) A13セルの内容

**8・3**［正規乱数の発生］ 図8・4において次の設問に答えよ.なお,D1セルに $\sigma$ が入っている.
(a) A3セルの内容　(b) B3セルの内容　(c) B4セルの内容　(d) E3セルの内容

**8・4**［標準偏差の計算］ 図8・5において次の設問に答えよ.なお,N4,O4,P4の各セルにはそれぞれ =ABS(C4-$D$1), =ABS(D4-$D$1), =ABS(E4-$D$1) が入っている.
(a) C4セルの内容　(b) D4セルの内容　(c) E4セルの内容　(d) F4セルの内容

**8・5**［表計算でコイントス］ 3枚のコインの裏表を2値乱数 $w$（0と1のどちらかをランダムに発生する乱数）でシミュレートしよう.表を1,裏を0とする.表の数 $\nu$ が果たして二項分布 $B_{3,\,0.5}(\nu)$ に従うかを,設問に答えながら調べよ.ちなみに図8・9

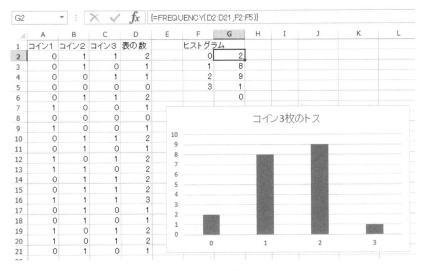

図8・9　コイン3枚のトス

---

\* シミュレーションでは個々のパラメーター値について検証できるが,数学的な意味での証明にはならない.

は20回試行した場合の一例であり,度数分布はFREQUNCY関数を用いて作成している.
(a) 一様乱数 RAND() から2値乱数をつくるにはどうすればよいか.
(b) 3枚のコインの表の数はどのようにして求められるか.
(c) コイントスを100回行ってヒストグラムを作成せよ.

**8・6 [パルス列]** 蛍光物質を含む試料セルに時刻 $t=0$ で短い光パルスを照射すれば,同じ強度の発光パルス列が得られる.この様子を Excel で指数乱数を発生させてシミュレーションせよ.なお,蛍光寿命は $\tau=10$ である(時間の単位は考慮しなくてよい).また必要であればファイルに保存してから再度読み込め.
(a) 発光パルスが観測される時間 $t_i$ の値を 100 個つくれ.
(b) そのパルス列を $t=0〜100$ の範囲で棒グラフとして表したい.どうすればよいか.
(c) 発光パルス数のヒストグラムを描け.度数の幅は $\Delta t=5$ とせよ.

# 9 誤差の伝播と相関係数

誤差を含む量同士の計算では誤差の処理に注意が必要である．

## 9・1 信号の伝達と誤差の伝播

ランダムな確率分布に対して有限回のサンプリングを行うことが測定するということであり，データの中には必ず誤差が含まれている．ランダムな確率分布から生ずるという点では雑音も同じであるが，雑音はオシロスコープで波形観察ができるので，誤差よりもイメージ化しやすい．そこで，誤差を雑音に置き換えて話を始めよう．図9・1はアナログ信号 $x$ を $A$ 倍に増幅し，別の信号 $y$ との和 $p$ を求め，最後に $p^2$ を出力する回路である．ちなみにこれらの演算は，オペアンプを用いて実現できる．

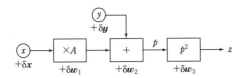

図9・1 雑音の伝播と誤差の伝播は似ている．

信号は最初から雑音 $\delta x$, $\delta y$ を含んでいる．また演算装置自体もトランジスター由来の雑音 $\delta w_1$, $\delta w_2$, $\delta w_3$ を発生している．雑音はランダム変数とみなせるので太字とする．実際のアナログ回路では，雑音源が特定できないことがよくあり，またレイアウトがよければ雑音が抑制できこともあるのでこれほど単純ではないが，本質はとらえられている．さて，出力 $z$ は，

$$z = p^2 + \delta w_3 \equiv \bar{z} + \delta z \qquad (9 \cdot 1)$$

$$p = A[(\bar{x}+\delta x) + \delta w_1] + (\bar{y}+\delta y) + \delta w_2 \qquad (9 \cdot 2)$$

で与えられる．

図9・1の見方を変えて，誤差の伝播を表すダイアグラムであると解釈しよう．そうすれば，$x$ と $y$ は，誤差を含む測定データとなる．そして，測定量 $x$ を $A$ 倍し，別の測

定量 $y$ を加え，2乗を取って結果 $z$ を得るという一連の作業を考えることができる．

実時間で変化する雑音系と異なり，誤差系ではいつ・誰が・どのような方法あるいは方式で測定するかがランダム性をもたらす．ほかの違いとしては，誤差が処理の途中で入り込むことはない[*1]．つまり，誤差系では $\delta w_1=0$, $\delta w_2=0$, $\delta w_3=0$ であり，

$$z = [A(\bar{x}+\delta x) + (\bar{y}+\delta y)]^2 \equiv \bar{z} + \delta z \tag{9・3}$$

としてよい．つまり，データのランダム誤差 $\delta x$, $\delta y$ のみが $z$ のランダム誤差 $\delta z$ となる．$\delta z$ の統計量である標準偏差 $\sigma_z$ が入力データの標準偏差 $\sigma_x$ と $\sigma_y$ とどう関係するかを**伝播** (propagation)，あるいは**伝送** (transport) という視点で捉えようというのがこの章のテーマである．

## 9・2 一つの測定量についての誤差伝播

図9・1で $y$ がない場合，つまり物理量 $x$ と物理量 $z$ が関数

$$z = f(x) \tag{9・4}$$

によって関係づけられている場合に，$\sigma_x$ と $\sigma_z$ との関係を調べよう．具体例で言えば，球の半径から体積を算出することであり，その場合 $f(x) = \dfrac{4\pi}{3}x^3$ である．

式(3・5)のモデル，つまり，

$$x = \bar{x} + \delta x \tag{9・5}$$
$$z = \bar{z} + \delta z \tag{9・6}$$

の関係と式(9・4)が同時に成り立つとして解析を進めよう[*2]．$\delta x$ の寄与が十分小さいとして級数展開すれば，

$$z = f(\bar{x}) + f_x \delta x = \bar{z} + f_x \delta x \tag{9・7}$$

$$f_x = \left.\frac{df}{dx}\right|_{x=\bar{x}} = \frac{df}{dx}(\bar{x}) \tag{9・8}$$

である．したがって，

$$\delta z = f_x \delta x \tag{9・9}$$

であり，2乗して平均を取れば，式(3・9)により，

$$\sigma_z^2 = f_x^2 \sigma_x^2 \tag{9・10}$$

という関係が得られる．すなわち，誤差（標準偏差）は $\pm f_x \sigma_x$ である．

---

[*1] 不適切な処理によって非ランダムな誤差が入る可能性はある．
[*2] 厳密にいえば $x$ も $z$ もランダム変数なので太字で表現すべきである．

## 9・3 二つの測定量の四則演算における誤差伝播

二つの独立な物理量 $x$ と $y$ の測定値が,

$$x = \bar{x} + \delta x \tag{9・11}$$
$$y = \bar{y} + \delta y \tag{9・12}$$

であるとしよう. $x+y$, $x-y$, $xy$, $\dfrac{x}{y}$ の誤差がどのように評価できるかがここでのテーマである. 具体例で言えば, 長方形の2辺を測って外周と面積を算出することである.

まず和と差を考えよう. これについてはすでに§8・6で誤差の二乗和で表されることが示唆されているが, その根拠づけをここで行おう. 最確値は $\bar{x}+\bar{y}$ であることは十分予想できるが, 誤差の統計量つまり標準偏差も単純和の $\sigma_z = \sigma_x + \sigma_y$ としては過大評価になる. $\delta x$ と $\delta y$ が互いに打ち消しあうこともあるからである. まず式(9・11)と式(9・12)の和を取れば,

$$x + y = (\bar{x}+\bar{y}) + (\delta x + \delta y) \tag{9・13}$$

であるから, $z=x+y$ のランダム誤差 $\delta z$ は,

$$\delta z = \delta x + \delta y \tag{9・14}$$

となる. この両辺の二乗平均を取って,

$$\overline{(\delta z)^2} = \overline{(\delta x)^2} + 2\overline{\delta x \delta y} + \overline{(\delta y)^2} \tag{9・15}$$

つまり,

$$\sigma_z^2 = \sigma_x^2 + 2\sigma_{xy} + \sigma_y^2 \tag{9・16}$$

である. ここで右辺第2項は,

$$\sigma_{xy} = \overline{\delta x \delta y} \tag{9・17}$$

であり, **共分散**とよばれる. 通常は $\delta x$ と $\delta y$ の間に相関がないので $\sigma_{xy}=0$ であり, よって,

$$\sigma_z^2 = \sigma_x^2 + \sigma_y^2 \tag{9・18}$$

である. つまり $x+y$ の分布は標準偏差が $\sigma_z$ の正規分布であり,

$$x + y = (\bar{x}+\bar{y}) \pm \sqrt{\sigma_x^2 + \sigma_y^2} \tag{9・19}$$

と表すのが適当である.

差 $z=x-y$ の場合, 最確値は $\bar{z}=\bar{x}-\bar{y}$ である. 誤差 $\sigma_z$ は, §8・3・3で見たとおり, 誤差の二乗和に等しい. よって差の場合も $\sigma_z=\sqrt{\sigma_x^2+\sigma_y^2}$ である.

積 $z=xy$ の場合, ランダム誤差の1次まで取って ($\delta x \delta y$ の影響が無視できるとして),

$$z = (\bar{x}+\delta x)(\bar{y}+\delta y) = \bar{x}\cdot\bar{y} + \bar{y}\delta x + \bar{x}\delta y \tag{9・20}$$

である. 最確値は $\bar{z}=\bar{x}\cdot\bar{y}$ であり,

$$\frac{\delta z}{\bar{z}} = \frac{\delta x}{\bar{x}} + \frac{\delta y}{\bar{y}} \qquad (9\cdot 21)$$

である. 二乗和を取り, この場合もやはり共分散をゼロとして,

$$\frac{\sigma_z^2}{(\bar{z})^2} = \frac{\sigma_x^2}{(\bar{x})^2} + \frac{\sigma_y^2}{(\bar{y})^2} \qquad (9\cdot 22)$$

が得られる. 和の場合と異なり, 相対誤差について二乗和で表される点に留意しよう. まとめれば,

$$\frac{xy}{\bar{x}\cdot\bar{y}} = 1 \pm \frac{\sigma_z}{\bar{z}} = 1 \pm \sqrt{\frac{\sigma_x^2}{(\bar{x})^2} + \frac{\sigma_y^2}{(\bar{y})^2}} \qquad (9\cdot 23)$$

である.

商 $z=\frac{x}{y}$ の場合, 分母のランダム誤差 $\delta y$ が平均値 $\bar{y}$ に比べて十分小さいとして,

$$\bar{z} + \delta z = \frac{\bar{x} + \delta x}{\bar{y} + \delta y} = \frac{\bar{x}}{\bar{y}}\left(1 + \frac{\delta x}{\bar{x}} - \frac{\delta y}{\bar{y}}\right) \qquad (9\cdot 24)$$

とおける. つまり,

$$\frac{\delta z}{\bar{z}} = \frac{\delta x}{\bar{x}} - \frac{\delta y}{\bar{y}} \qquad (9\cdot 25)$$

が成り立つ. 二乗和を取り, 共分散をゼロとして,

$$\frac{\sigma_z^2}{(\bar{z})^2} = \frac{\sigma_x^2}{(\bar{x})^2} + \frac{\sigma_y^2}{(\bar{y})^2} \qquad (9\cdot 26)$$

が得られる. これは積の場合の関係式 (9・22) と同じであり, 相対誤差について二乗和で表される. 式 (9・23) にならった表現は,

$$\frac{x/y}{\bar{x}/\bar{y}} = 1 \pm \frac{\sigma_z}{\bar{z}} = 1 \pm \sqrt{\frac{\sigma_x^2}{(\bar{x})^2} + \frac{\sigma_y^2}{(\bar{y})^2}} \qquad (9\cdot 27)$$

## 9・4 二つの測定量の誤差伝播

§9・3 の議論を一般化して, 独立な物理量 $x, y$ の測定値から関数 $f$ によって導かれる

$$z = f(x, y) \qquad (9\cdot 28)$$

の誤差を見積もってみよう. これは四則演算の拡張になる. 式 (9・7) を 2 変数に拡張して,

$$z = f(\bar{x} + \delta x, \bar{y} + \delta y) = \bar{z} + f_x \delta x + f_y \delta y \qquad (9\cdot 29)$$

$$f_x = \frac{\partial f}{\partial x}(\bar{x}, \bar{y}) \qquad (9\cdot 30)$$

$$f_y = \frac{\partial f}{\partial y}(\bar{x}, \bar{y}) \qquad (9\cdot 31)$$

と展開できる. つまり,

$$\delta z = f_x \delta x + f_y \delta y \tag{9・32}$$

であるから, 両辺の二乗平均を取って,

$$\sigma_z^2 = f_x^2 \sigma_x^2 + 2f_x f_y \sigma_{xy} + f_y^2 \sigma_y^2 \tag{9・33}$$

が成り立つ. 通常の測定では $\sigma_{xy} = 0$ であるから,

$$\sigma_z^2 = f_x^2 \sigma_x^2 + f_y^2 \sigma_y^2 \tag{9・34}$$

としてよい.

## 9・5 共分散と相関係数
### 9・5・1 互いに相関のあるデータ

§9・4で二つの確率変数 $\delta x$ と $\delta y$ が互いに無関係にランダムな値を取ると仮定し, 共分散をゼロとした. もしこの仮定が成り立たなければ式 (9・17) の右辺を具体的に計算する必要がある. そのためには確率変数の組にサンプリングを行い, データの組 $(x_i, y_i)$, $(i=1, \cdots, n)$ を求める. そして式 (9・17) を計算すると,

$$\sigma_{xy} = \frac{1}{n} \sum_{i=1}^{n} (x_i - \bar{x})(y_i - \bar{y}) \tag{9・35}$$

である. $\sigma_{xy}$ と $xy$ は次元が同じであるから, 無次元の量を次のように定義すると便利である.

$$r_{xy} = \frac{\sigma_{xy}}{\sigma_x \sigma_y} \tag{9・36}$$

これを**相関係数**という. 相関係数の範囲は,

$$-1 \leq r_{xy} \leq 1 \tag{9・37}$$

である. $\sigma_{xy}$, $\sigma_x \sigma_y$ の計算において割り算の分母が $(n-1)$ ではなく $n$ であることに注意したい.

式 (9・16) や式 (9・33) の一般式を相関係数を用いて書き改めることができる. たとえば式 (9・16) については,

$$\sigma_z^2 = \sigma_x^2 + 2r_{xy} \sigma_x \sigma_y + \sigma_y^2 \tag{9・38}$$

### 9・5・2 互いに相関のないデータ

$\delta x$ と $\delta y$ が互いに無関係であれば共分散がゼロというのは, 実は理想の姿である. ちょうど一様乱数の平均がなかなか0.5にならないのと同じで, 有限の $n$ については $r_{xy} \neq 0$ である.

これを Excel で確かめてみよう. 図9・2では, $\sigma=1$ の正規乱数 $x$ と $y$ を, 図8・4と同様の方法で 100 個ずつ発生させたあと, 平均値 $\langle x \rangle$ と $\langle y \rangle$ を計算し, 次に G 列の平均 $\sigma_{xy}$, H 列の平均 $\sigma_x^2$, I 列の平均 $\sigma_y^2$ をそれぞれ K1 セル, K2 セル, K3 セルで計算し, 最後に相関係数 $r_{xy}=\dfrac{\langle G \rangle}{\sqrt{\langle H \rangle \langle I \rangle}}=0.0292$ を出している. COR の欄は CORREL 関数を使えば同じ値が得られることを示している. 実用性の点でいえば, Excel では CORREL 関数を使う方が賢明であろう. いずれにせよ, 100 個であっても相関係数は小数点以下1桁しかゼロにならない.

| | A | B | C | D | E | F | G | H | I | J | K |
|---|---|---|---|---|---|---|---|---|---|---|---|
| 1 | ξ | x | η | y | x−⟨x⟩ | y−⟨y⟩ | (x−⟨x⟩)(y−⟨y⟩) | (x−⟨x⟩)² | (y−⟨y⟩)² | ⟨G⟩ | 0.0293 |
| 2 | 0.93 | 0.106 | 0.43 | −0.93 | 0.0841 | −0.843 | −0.07085484 | 0.007068 | 0.71033 | ⟨H⟩ | 1.0157 |
| 3 | 0.79 | −0.37 | 0.38 | 0.903 | −0.392 | 0.9939 | −0.38922414 | 0.153351 | 0.9879 | ⟨I⟩ | 0.9944 |
| 4 | 0.88 | −0.49 | 0.59 | 1.031 | −0.514 | 1.1219 | −0.57657284 | 0.264128 | 1.25862 | | |
| 5 | 0.48 | 0.067 | 0.99 | −0.04 | 0.0447 | 0.0528 | 0.002361422 | 0.001998 | 0.00279 | r | 0.0292 |
| 6 | 0.31 | 0.026 | 0.37 | −0.1 | 0.0039 | −0.008 | −3.0373E−05 | 1.54E−05 | 6E−05 | | |
| 7 | 0.25 | 1.536 | 0.26 | 1.403 | 1.5139 | 1.4942 | 2.262117826 | 2.291885 | 2.23274 | COR | 0.0292 |
| 8 | 0.48 | 0.969 | 0.77 | 0.706 | 0.947 | 0.7975 | 0.75522679 | 0.896772 | 0.63602 | | |

図9・2 2組の正規乱数 $(x, y)$ 間の相関係数

### 9・5・3 相関係数の解釈

**a. 同数の測定点と相関係数の大小** これからは $r_{xy}$ を簡潔に $r$ と表そう. $r$ が 0 に近ければ $x$ と $y$ の間に相関はなく, $x$ と $y$ は独立に変化すると考えられる. $|r|$ が大きくなれば相関が強まる. その場合, $r$ がそこそこの正値であれば **正の相関** があるといい, 正比例がその一例である. $r$ が 1 に近ければ比例係数を算出することができる. 一方, $r$ がそこそこの負値であれば **負の相関** があるといい, $x$ と $y$ は逆向きの変化をする. ただし, 逆向きとはいっても反比例の関係を意味するものではない.

"そこそこ" の意味があいまいであるから実例で検討してみよう. 図9・3は, 正比例のグラフ $y=x$ 上の点に正規乱数を加えて $(x_i, x_i+\eta_i)$ としたものである ($i=1$, …, 20). 数字は $r$ 値である. 正規乱数はボックス・ミュラーの方法〔式(8・5)および式(8・6)参照〕を用いて発生させ, x-y プロットを作成した. おおむね $\sigma$ が大きくなれば $r$ の値は小さくなるので, $\sigma$ を調整しながら数十回試行して図のデータを得ることができた.

図9・3(a) から何らかの結論を引き出すのは無理がある. 図9・3(b) では $x$ と $y$ は同じようなふるまいをするといえるが直線性があるとまではいいきれない. "そこそこ" の値は $r \approx 0.5$ とみてよかろう*. 図9・3(c) では直線性が認められる. しかし, 正比例の関係 (原点を通る) があるか否かを判断することは統計学の問題というよりは, 理工

---

\* Berendsen は $|r|>0.9$ であれば相関があるといっている (参考文献2の p.98 参照).

学の問題である。つまり，$x$と$y$がどのようなモデルに従うかを考えねばならない．

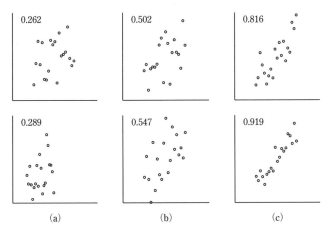

**図9・3** 20個のデータ点と相関係数．(a) 相関がない，(b) 相関が認められる，(c) 定量的解釈が可能．

**b. 相関係数が同じで異なる測定点数** $r$ が同じでもデータ点の個数 $n$ が違えば，結論の信憑性が異なるかもしれない．そこで $r \approx 0.8$ となるようなデータの組を図9・4 でつくってみた．いずれも $y=x$ の上に正規乱数を加えたものであり，$n=4$ ($\sigma=2$)，16 ($\sigma=3$)，64 ($\sigma=2.5$) と増えている．データ点数が多い方が，規則性の存在を主張しやすい．研究会や学会ではグラフを示してから（必要に応じて）$r$ に言及するのが通例であるが，理にかなっているといえよう．

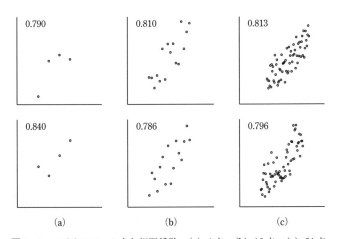

**図9・4** $r \approx 0.8$ のデータ点と相関係数．(a) 4点，(b) 16点，(c) 64点．

**c. 直線の相関係数** $r=\pm 1$ は直線に乗った点の集合で実現する．これを説明しよう．一直線上に乗った$(2n+1)$個の点の集合$(k, ak+b)$ $(k=-n, \cdots, n)$ がある．$a$は正でも負でもよい．これらの点は$y$軸を切る線分上に乗っているので，特別な場合を考えるかのように見えるが，実は演習問題9・7の"相関係数の不変性"によって，任意の線分上に乗ったデータへと結論を一般化することができる．また，偶数個の点についても論法は同じである．さて，$\bar{k}=0$, $\overline{ak+b}=0$ であるから式(9・36)は，

$$r = \frac{a}{|a|} \qquad (9\cdot 39)$$

である．式(9・39)は次のように解釈する．

（ⅰ）傾きが正（$a>0$）の直線上にすべての測定点が乗っていれば$r=1$である．
（ⅱ）傾きが負（$a<0$）の直線上にすべての測定点が乗っていれば$r=-1$である．

$a$と$b$の値によらず，すべてが直線上にあれば$|r|=1$であることに留意しよう．なお，$a=0$（水平な直線上）であれば0/0なので値は定まらない．

**d. 反比例と負の傾き** 正比例であれば$r=1$であることがわかった．しかし，反比例は$r\neq -1$である．それを図9・5(a)で示そう．すべての点は一つの双曲線の上で対称に配置されているが，$r=-0.651$である．この値は点の並び方で増減する．もし原点の近くに集まれば$|r|$は大きくなり，逆に広がれば小さくなる．反比例の$r$は負のさまざまな値を取ることがわかる．

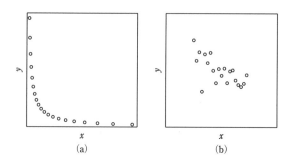

**図9・5** タイプの異なるデータの相関係数．(a) $r=-0.651$, (b) $r=-0.649$.

図9・5(a)と同程度の大きさの$r$をもったランダムな配置をつくってみよう．図9・5(b)は，傾きが$-2/3$の直線上の点に正規乱数を加えてつくったものである．データから$r$を出すことは容易であるが，$r$から元のデータの特徴を推定することは不可能である．

**e. 変数変換と相関係数** データに変換を施して相関係数を大きくすることができる．これは直線関係に変換できれば当然可能である．例としてほぼ指数関数的に減衰す

るデータ $y_i = b\,e^{-ax_i+\eta_i}$ を取上げよう。$z = \ln y$ と変換すれば、$z_i = -ax_i + \ln b + \eta_i$ とほぼ直線上に乗り、$r$ はほとんど $-1$ となるはずである。図 9・6 がそのことを実証している。

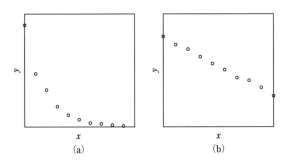

図 9・6　減衰曲線から直線への変換。(a) $r = -0.847$、(b) $r = -0.998$。

最後に §9・5・3 の内容をまとめておこう。
(i) 相関係数 $r$ は直線的関係（とりわけ比例関係）を検討するのに適している。
(ii) ランダム性が加わった直線関係、つまりばらつきのある直線関係では $|r|$ が小さい。
(iii) 非線形な関数関係（$y = \dfrac{a}{x}$、$y = e^{-ax}$ など）では、たとえばらつきがなくても $|r|$ が小さい。
(iv) $|r| > 0.8$ であれば定量的な解析に意味がある。ただし、0.8 程度ではケースバイケースで検討することが必要。

これらの知見は、"11. データフィッティング" で有用になる。

### 9・5・4　相関係数をめぐる話題

**a. カーブフィッティングにおける相関係数**　Excel の近似式のメニューにおける $R^2$ は $r^2$ のことである。よくある誤解が、研究発表の場でよく耳にする "$R^2$ が 1 に近いから、よい近似曲線が得られた、最小二乗法のフィットはうまくいった" という発言である。しかし、$R^2$（あるいは $r^2$）はデータの組 $(x_i, y_i)$ がもっている性質をうんぬんするものであり、相関係数が小さすぎるとランダム性が大きすぎてフィッティングが無意味である。したがって "$R^2$ が 1 に近いからフィッティングに値するデータの組が得られた" というのがよい。

**b. 相関関係と因果関係**　$(x, y)$ の関係から相関係数を求めることは容易である。しかし、その解釈をめぐって論争となることがよくある。それは必ずしも $r$ の大小に起因するものではなく、$x$ と $y$ の間に原因と結果の関係（因果関係）があるかをめぐってである。

相関係数が示すのは，$x$ と $y$ の間に関係性があることまでである．それは偶然かもしれないし必然かもしれない．そこから○○のために△△が起こった，あるいは○○のために△△がなくなったと判断するためには，その論理を補強するデータが必要である．場合によると逆に△△が原因かもしれない．

卑近な例をあげよう．学力試験で国語と算数の成績に正の相関があったとする．この結果を"国語ができるから算数ができる"と読み取れば，因果関係があると解釈したことになる．

### 演習問題

**9・1**［測定値の和］ 厚紙を長方形に切り取った．2 辺の長さを測ったところ $a=250\,\mathrm{mm}\pm 2\,\mathrm{mm}$ と $b=100\,\mathrm{mm}\pm 1\,\mathrm{mm}$ であった．外周の長さを絶対誤差を含めて答えよ．

**9・2**［測定値の和］ 前問 9・1 で $a=250.0\,\mathrm{mm}\pm 2.0\,\mathrm{mm}$ と $b=100.0\,\mathrm{mm}\pm 1.0\,\mathrm{mm}$ ならば外周の長さはいくらと答えるべきか．

**9・3**［測定値の和］ 前問 9・1 で $a$ の範囲が 248～252 mm，$b$ の範囲が 99～101 mm だから $2(a+b)$ の範囲は 694～706 mm，つまり $2(a+b)=700\,\mathrm{mm}\pm 6\,\mathrm{mm}$ であるという答があった．この考え方を批判せよ．

**9・4**［測定値の積］ 前問 9・1 の厚紙の面積を相対誤差で答えよ．

**9・5**［測定値の積］ 厚紙でできた箱がある．内法(うちのり)を測ったところ $a=250\,\mathrm{mm}\pm 2\,\mathrm{mm}$, $b=100\,\mathrm{mm}\pm 1\,\mathrm{mm}$, $h=80\,\mathrm{mm}\pm 1\,\mathrm{mm}$ であった．容積を相対誤差とともに答えよ．

**9・6**［測定値の関数］ ある坂を $l=10.0\,\mathrm{m}\pm 0.5\,\mathrm{m}$ 進むと $h=2.0\,\mathrm{m}\pm 0.1\,\mathrm{m}$ 高くなる．この坂の角度 $\delta$ の値を答えよ．なお，$\sin\delta=h/l$ であり，次の公式が成り立つ．

$$\frac{\mathrm{d}}{\mathrm{d}x}\sin^{-1}x=\frac{1}{\sqrt{1-x^2}}$$

**9・7**［相関係数の不変性］ 相関係数 (9・36) について次の対称性が成り立つことを示せ．

(a) すべての点 $(x_i, y_i)$ を平行移動しても $r$ の値は変わらない．

(b) すべての点 $(x_i, y_i)$ を定数倍しても $r$ の値は変わらない．

**9・8**［相関係数］ 図 9・2 の K7 セルにはどのような計算式を入れればよいか．

**9・9**［相関係数］ 次のデータに対して"直線であてはめをしたので結果を学会発表のスライドに加えたいがどうでしょうか"との相談があった．あなたは"ぜひ加えなさい"，"やめておきなさい"のどちらで返事をするだろうか．

(a) 図 9・3(a) の上段 ($r=0.262$)　　(b) 図 9・3(b) の上段 ($r=0.502$)
(c) 図 9・3(c) の上段 ($r=0.816$)　　(d) 図 9・4(a) の上段 ($r=0.790$)
(e) 図 9・4(b) の上段 ($r=0.810$)　　(f) 図 9・4(c) の上段 ($r=0.813$)
(g) 図 9・5(a) ($r=-0.651$)　　(h) 図 9・6(a) ($r=-0.847$)
(i) 図 9・6(b) ($r=-0.998$)

# 10

# 2変量の正規分布

最小二乗法の準備として変数が二つの正規分布を考えよう．フィッティング用の2パラメーターを想定するので，変量という用語を併用することにする．英語では変数も変量も variable である．

## 10・1　1変量の正規分布

2変量で考える前に1変量の**正規分布**を整理しておこう（§7・1参照）．最確値が $\mu$ で誤差（標準偏差）$\sigma_x$ をもつ変数 $x$ の正規分布は，

$$G_{\mu,\sigma_x}(x) = \frac{1}{\sigma_x\sqrt{2\pi}} \exp\left[-\frac{(x-\mu)^2}{2\sigma_x^2}\right] \tag{10・1}$$

である．$\mu$ からのずれ $X=x-\mu$ を用いて正規分布を次のように書き改めることができる．

$$G_{\mu,\sigma_x}(x) = \frac{1}{\sigma_x\sqrt{2\pi}} \exp\left(-\frac{1}{2}\chi^2\right) \tag{10・2}$$

$$\chi^2 = \frac{X^2}{\sigma_x^2} \tag{10・3}$$

$\chi^2$ は**カイ二乗**とよび，2乗をつけたままで用いる．カイ二乗の概念は多変量で用いるのが普通であるが，1変量であっても同じ意味をもつパラメーターとして定義が可能である．

$\chi^2 \leq 1$ となる確率を調べることがたびたび出てくる．1次元の場合，$-\sigma_x \leq X \leq \sigma_x$ となる確率であるから，式(7・9)にあるとおり68.26%である．なお，$\chi^2=1$ を満足するような変数の組は，多変量問題や検定でしばしば登場する．

## 10・2　2変量の正規分布

### 10・2・1　相関のないデータの正規分布

二つの物理量 $x$ と $y$ を観測するとしよう．それらの間に相関がないということの意味は，$X=x-\mu_x$，$Y=y-\mu_y$ の確率分布が $X$ と $Y$ それぞれの確率分布の積

$$G_{\mu_x, \sigma_x; \mu_y, \sigma_y}(X, Y) = G_{\mu_x, \sigma_x}(X) G_{\mu_y, \sigma_y}(Y) \tag{10・4}$$

で表されるということである. 式(10・4)をまとめて,

$$G_{\mu_x, \sigma_x; \mu_y, \sigma_y}(X, Y) = \frac{1}{2\pi\sigma_x\sigma_y} \exp\left(-\frac{1}{2}\chi^2\right) \tag{10・5}$$

$$\chi^2 = \frac{X^2}{\sigma_x^2} + \frac{Y^2}{\sigma_y^2} \tag{10・6}$$

とおくことができる. $\chi^2$ が一定であれば式(10・6)は $(\mu_x, \mu_y)$ を中心とし, 長軸・短軸の長さがそれぞれ $2\sigma_x\chi$, $2\sigma_y\chi$ で, 楕円軸が座標軸に平行な楕円である.

図 10・1(a)には $\sigma_x=1$, $\sigma_y=0.5$ の場合の $z=G_{\mu_x, \sigma_x; \mu_y, \sigma_y}(X, Y)$ のグラフを $z=\chi^2$ における等高線で図示した. 太線は $\chi^2=1$ の楕円であり, その内側に向かって $\chi^2=0.5$, 0.4, 0.3, 0.2, 0.1, 0.01 と小さくなり, 一方外側へは $\chi^2=2$, 4, 9 と大きくなっている. 破線は $X=\pm\sigma_x$, $Y=\pm\sigma_y$ の直線であり, 楕円の接線でもある. 図 10・1(b)は $z=G_{\mu_x, \sigma_x; \mu_y, \sigma_y}$ を立体的に表示したものである. 図 10・1(c)は高さ方向に 10 段階で濃淡をつけたものである.

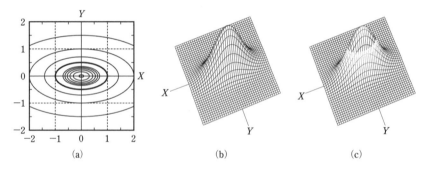

図 10・1 互いに相関のない 2 変数の正規分布. $\sigma_x=1$, $\sigma_y=0.5$.

相関の有無にかかわらず, **2 次元正規分布** $G(X, Y)$ の 2 次のモーメントを次のように定義する. まず分散は,

$$\sigma_x^2 = \int_{-\infty}^{\infty}\int_{-\infty}^{\infty} X^2 G(X, Y) \, dXdY \tag{10・7}$$

$$\sigma_y^2 = \int_{-\infty}^{\infty}\int_{-\infty}^{\infty} Y^2 G(X, Y) \, dXdY \tag{10・8}$$

であり, 共分散は,

$$\sigma_{xy} = \int_{-\infty}^{\infty}\int_{-\infty}^{\infty} XY G(X, Y) \, dXdY \tag{10・9}$$

である.

$G$ に式 (10・5) の $G_{\mu_x, \sigma_x; \mu_y, \sigma_y}$ を代入すれば，正規分布のパラメーターがそのまま分散に等しいことが確認できる．一方，共分散については $\sigma_{xy}=0$ である．これらの結果は当然といえば当然であるが，分散がある場合との対比のためにあえて示しておいた．

同時に観測した $x$ と $y$ が $\chi^2 \leq \chi_0^2$ を満足する確率 $P$ を調べよう．ここで $\chi_0^2$ は任意の正定数である．この領域を $(x, y)$ 平面上で $D$ とする．付録の式 (B・7) より，

$$P = \frac{1}{I_0} \iint_D e^{-\frac{1}{2}\chi^2} dXdY = 1 - \exp\left(-\frac{1}{2}\chi_0^2\right) \quad (10\cdot 10)$$

であり，$I_0$ は分布関数の積分 (B・4) である．特に $\chi_0^2=1$ の場合，

$$P = 1 - e^{-\frac{1}{2}} = 39.35\% \quad (10\cdot 11)$$

である．

### 10・2・2 分布関数の幾何学的意味

図 10・1 が相関のない確率分布に対応することがわかったが，その特徴はどこにあるのであろうか．

図の立体を $Y$ 軸に垂直などの平面で切り出しても断面図形は $X=0$ の周りで対称な釣鐘である．同様に $X$ 軸に垂直な面で切り出せば $Y=0$ の周りで対称な釣鐘である．これは楕円の長軸と短軸が $X$ 軸と $Y$ 軸に平行であることからいえることであるが，関数の特徴として，$\chi^2$ が $X$ の関数 $f(X)$ と $Y$ の関数 $g(Y)$ の和に分離できることがあげられる．つまり，

$$\sigma_{xy} = \frac{1}{I_0} \int_{-\infty}^{\infty} \int_{-\infty}^{\infty} XY e^{-\frac{1}{2}\chi^2} dXdY = \frac{1}{I_0} \int_{-\infty}^{\infty} X e^{-f(X)} dX \int_{-\infty}^{\infty} Y e^{-g(Y)} dY = 0$$

である．ここで $e^{-f(X)}$ も $e^{-g(Y)}$ も原点で対称，つまり偶関数であることを用いた．

以上の考察から，楕円が座標軸に対して傾いていれば相関のある確率分布であることがわかる．軸に平行な断面図形を見れば，対称軸がゼロからずれているからである．傾いた楕円をつくるには，$XY$ 項が含まれていればよい．これを具体的に調べるために楕円

$$\frac{x^2}{a^2} + \frac{y^2}{b^2} = 1$$

を角度 $\theta$ だけ傾ける．そうすれば，

$$\frac{x^2}{(a')^2} - \frac{2rxy}{a'b'} + \frac{y^2}{(b')^2} = 1 \quad (10\cdot 12)$$

という形を取る（図 10・2 参照）．ここで，

$$\frac{1}{(a')^2} = \alpha + \beta \cos 2\theta \qquad \frac{1}{(b')^2} = \alpha - \beta \cos 2\theta$$

$$r = \frac{\beta \sin 2\theta}{\sqrt{\dfrac{1}{a^2 b^2} + (\beta \sin 2\theta)^2}} \qquad (10 \cdot 13)$$

$$\alpha = \frac{1}{2}\left(\frac{1}{a^2} + \frac{1}{b^2}\right) \qquad \beta = \frac{1}{2}\left(\frac{1}{a^2} - \frac{1}{b^2}\right)$$

である．ここで $r$ が取りうる値は，

$$-1 < r < 1 \qquad (10 \cdot 14)$$

に限られることに注意しよう．

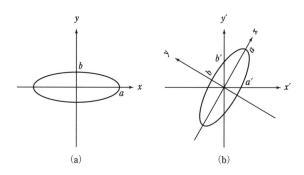

図 10・2　楕円の回転

　回転した楕円では $xy$ 項が入り，軸との交点が $a'$，$b'$ に変わる．交差項の係数 $r$ が式 (10・13) であれば同じ形を維持するが，$r$ の値を意図的に変えれば，軸との切片が同じでも膨らみが違う楕円になる．$r$ が限界を超えて，たとえば $r = \pm 1$ になれば，

$$\left(\frac{x}{a'} \pm \frac{y}{b'}\right)^2 = 1$$

という，切片 $\pm a'$，$\pm b'$ を通る直線になる．この直線は $x$ と $y$ を結合して新しい変数とするのが適当であることを意味しており，相関が強くなった極限であると解釈できよう．

## 10・2・3　相関のあるデータの正規分布

　§10・2・2 での幾何学的考察からわかったことを整理しよう．

(ⅰ) 共分散がゼロであれば $\chi^2$ が一定の楕円は軸に平行 ($\theta = 0$) である．
(ⅱ) 交差項 ($XY$ 項) が $\chi^2$ に含まれていれば ($\theta \neq 0$) 共分散はゼロでない．
(ⅲ) 切片の値は交差項の大きさによって変わる．

以上の考察から，相関がない場合に成り立った式(10・5)は式(10・12)を考慮して，

$$G(X, Y) = \frac{\sqrt{1-r^2}}{2\pi s_x s_y} \exp\left[-\frac{1}{2}\left(\frac{X^2}{s_x^2} - \frac{2rXY}{s_x s_y} + \frac{Y^2}{s_y^2}\right)\right] \quad (10 \cdot 15)$$

の形に拡張すべきである．2次のモーメント式(10・7)～式(10・9)を計算することによって，任意のパラメーター $s_x$, $s_y$ は統計量と次のように関連づけられる（この $s$ はスチューデントの $t$ 分布(7・25)の $s$ パラメーターとはまったく関係がない）．

$$\sigma_x^2 = \frac{1}{1-r^2} s_x^2 \quad (10 \cdot 16)$$

$$\sigma_y^2 = \frac{1}{1-r^2} s_y^2 \quad (10 \cdot 17)$$

$$\sigma_{xy} = \frac{r}{1-r^2} s_x s_y \quad (10 \cdot 18)$$

式(10・18)はさらに，

$$\sigma_{xy} = r\sigma_x \sigma_y \quad (10 \cdot 19)$$

と変形できるから，式(9・36)によって任意のパラメーターの $r$ は相関係数 $r_{xy}$ そのものであることがわかる．よって任意のパラメーターを含む式(10・15)は，統計パラメーターを含む次の式に整理できる．

$$G_{\mu_x, \sigma_x; \mu_y, \sigma_y; r_{xy}}(X, Y) = \frac{1}{2\pi\sigma_x\sigma_y\sqrt{1-r_{xy}^2}} \exp\left(-\frac{1}{2}\chi^2\right) \quad (10 \cdot 20)$$

$$\chi^2 = \frac{1}{1-r_{xy}^2}\left(\frac{X^2}{\sigma_x^2} - \frac{2r_{xy}XY}{\sigma_x\sigma_y} + \frac{Y^2}{\sigma_y^2}\right) \quad (10 \cdot 21)$$

$\chi^2$ が一定であれば式(10・21)は楕円を描く．ただし，相関のない式(10・6)とは異なって傾いている〔式(10・13)参照〕．そして，次の特徴をもっている．

(i) $x$ 軸との交点は $\pm\sqrt{1-r_{xy}^2}\,\sigma_x\chi$, $y$ 軸との交点は $\pm\sqrt{1-r_{xy}^2}\,\sigma_y\chi$ である．
(ii) $y$ 軸に平行な接線が $(\pm\sigma_x\chi, \pm r\sigma_y\chi)$ で引けるから，接線間の距離が $2\sigma_x\chi$ である．
(iii) $x$ 軸に平行な接線が $(\pm r\sigma_x\chi, \pm\sigma_y\chi)$ で引けるから，接線間の距離が $2\sigma_y\chi$ である．

次に，同時に観測した $x$ と $y$ が $\chi^2 \leq \chi_0^2$ を満足する確率 $P$ を求めよう．この領域を $(x, y)$ 平面上で $D$ とする．付録の式(B・7)より，

$$P = \frac{1}{I_0}\iint_D e^{-\frac{1}{2}\chi^2} dXdY = 1 - \exp\left(-\frac{1}{2}\chi_0^2\right) \quad (10 \cdot 22)$$

である．ここで $I_0$ は，

$$I_0 = 2\pi\sigma_x\sigma_y\sqrt{1-r_{xy}^2}$$

である. $\chi_0^2$ の値が同じであれば,相関の有無にかかわらず確率 $P$ の値は同じである.

相関があることによって分布関数の形がどう変わるかを調べよう. 図 10・3(a) は $\sigma_x=1$, $\sigma_y=0.5$, $r_{xy}=0.5$ の場合の $z=G_{\mu_x,\sigma_x;\mu_y,\sigma_y;r_{xy}}(X,Y)$ のグラフを $z=\chi^2$ における断面図で示したものである. 太線は $\chi^2=1$ の楕円であり, その内側に向かって $\chi^2=0.5, 0.4, 0.3, 0.2, 0.1, 0.01$ と小さくなっている. 一方外側へは $\chi^2=2, 4, 9$ と大きくなっている. 破線は $X=\sigma_x$, $Y=\sigma_y$ の線であり, 楕円の接線でもある.

図 10・3(b) は $G_{\mu_x,\sigma_x;\mu_y,\sigma_y;r_{xy}}$ を立体的に表示したものである. 図 10・3(c) は高さ方向に 10 段階で濃淡をつけた. 相関があってもガウス型曲面であることには変わりがない. なお, 演習問題 10・3 では $\sigma_x$, $\sigma_y$, $\chi^2$ が一定で $r_{xy}$ が変わると断面の形状がどう変わるかを調べている.

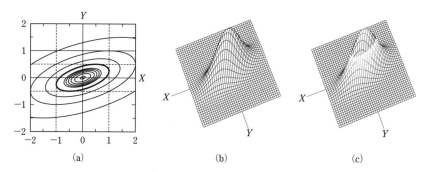

**図 10・3** 互いに相関のある 2 変量の正規分布. $\sigma_x=1$, $\sigma_y=0.5$, $r_{xy}=0.5$.

**演習問題**

**10・1** [相関のない 2 次元正規分布] 相関のない 2 変量 $x$, $y$ を観測して,
$$-\mu_x-\sigma_x \leq x \leq \mu_x+\sigma_x, \qquad -\mu_y-\sigma_y \leq y \leq \mu_y+\sigma_y$$
となる確率を求めよ. この値と式 (10・11) の 39.35% を比較し検討せよ.

**10・2** [相関のない 2 次元正規分布] 相関のない 2 変量 $x$, $y$ を観測して,
$$\frac{(x-\mu_x)^2}{\sigma_x^2}+\frac{(y-\mu_y)^2}{\sigma_y^2} \leq 2$$
となる確率を求めよ.

**10・3** [楕円の形状] $(X,Y)$ 平面上に $\chi^2=1$ の楕円 (10・21) がある. 形状が $r_{xy}$ とともにどう変わるかを $r_{xy}=0, \pm 0.5, \pm 0.9$ について調べよ. 何が一定か. なお, $\sigma_x=2$, $\sigma_y=1$ とせよ.

**10・4** [楕円の範囲] 楕円 (10・21) において, $y$ 軸に平行な接線が $x=\pm\sigma_x\chi$, $x$ 軸に平行な接線が $y=\pm\sigma_y\chi$ であることを証明せよ.

**10・5**［相関のある2次元正規分布］ 式(10・20)と式(10・21)で定義される確率分布関数が規格化されていること，つまり，

$$\int_{-\infty}^{\infty}\int_{-\infty}^{\infty} G_{\mu_x,\sigma_x;\mu_y,\sigma_y;r_{xy}}(X,Y)\,\mathrm{d}X\mathrm{d}Y = 1$$

が成り立つことを示せ．

**10・6**［相関のある2次元正規分布］ 相関係数が $r_{xy}=0.5$ の2変量 $x$, $y$ を観測して，

$$\frac{(x-\mu_x)^2}{\sigma_x^2} - \frac{2r_{xy}(x-\mu_x)(y-\mu_y)}{\sigma_x\sigma_y} + \frac{(y-\mu_y)^2}{\sigma_y^2} \leq 2$$

となる確率を求めよ．

**10・7**［分散行列］ 式(10・21)を

$$\chi^2 = (X\ \ Y)\begin{pmatrix} B_{11} & B_{12} \\ B_{21} & B_{22} \end{pmatrix}\begin{pmatrix} X \\ Y \end{pmatrix} \tag{10・23}$$

とおいて行列 $\boldsymbol{B}$ を定義する．また，

$$\boldsymbol{C} = \begin{pmatrix} \sigma_x^2 & \sigma_{xy} \\ \sigma_{xy} & \sigma_y^2 \end{pmatrix} \tag{10・24}$$

によって行列 $\boldsymbol{C}$ を定義する．そうすれば，

$$\boldsymbol{B} = \boldsymbol{C}^{-1} \tag{10・25}$$

であることを示せ（参考文献2の p.106 参照）．

# 11 データフィッティング

データ解析のなかでも頻度が高いのが直線・曲線によるあてはめである．

## 11・1 データフィッティングとは

データに直線または曲線をぴったり合わせることが**データフィッティング**であり，**カーブフィッティング**ともいう．フィッティング（fitting）という言葉は日本語化した感がある．たとえば，ブティックのフィッティングルームは試着室である．そこで行われる作業を分析してみると，この章のテーマにフィットすることがわかる．

(ⅰ) 試着室に入る顧客が存在する．[データの組が存在]
(ⅱ) 顧客は，ビジネスウェア・カジュアルフェア・フォーマルウェアなど，どのタイプで選びたいかを決めている．[モデル関数の決定]
(ⅲ) デザイン・素材・色調の異なる候補を試着する．[パラメーターの値を変える]
(ⅳ) 最も気に入った服を選択する．[最適化]
(ⅴ) 気に入るものが見つからないことがある．[最適化に失敗する可能性]
(ⅵ) 顧客の側からすれば自分にぴったりあった服だが，服の側からすれば自分にぴったりあった顧客がみつかったといえる．[確率分布の解釈]

上にあげた [ ] の中は対応するデータフィッティングの項目であり，順に説明しよう．ただし，最後の項目は最小二乗法のところで取上げる．

### 11・1・1 データ

フィッティングの対象となるデータは，$(x_i, y_i)$ の組が $n$ 個である（$i=1, \cdots, n$）．データが実験的に得られたものであれば，$y_i$ のみに誤差があるとみなしてよいことが多い．たとえば，ある時間間隔で定量分析をした場合，時間は正確であるとみなしてよい．本章でもこの種類のデータを対象とする．折れ線グラフで表せば，不規則なギザギザの見えることが多いのがこの種類のデータである．

広い意味のフィッティングでは，データはきわめて正確であるが（たとえば15桁まで正しい），その値を得るのに時間がかかるのでフィッティングに頼らざるを得ない場

合がある.数表の内挿に近いが,モデル関数は必ずしもデータ点を通らなくてよい.解析的関数をFUNCTIONとしてコンピューターに実装する際に扱うのがこの種類のデータであり,折れ線グラフで表せば,滑らかに,かつ規則的に変化する.

これら2種類のデータは一見すると別の種類のデータに見えるが,誤差の程度が違うだけである.後者でも$10^{-15}$程度の相対誤差がランダムに含まれている.

**a. 誤差をもったデータのグラフ表現** $n$個のデータ$(x_1, y_1), (x_2, y_2), \cdots, (x_n, y_n)$があるものとしよう.$y_1, y_2, \cdots, y_n$はそれぞれ$\sigma$の誤差をもっている.つまり,各測定点の誤差は測定点の周りで釣鐘形〔図11・1(b)〕に分布している.これを模式的に表現したのが図11・1(a)である.

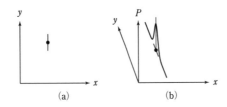

図11・1 誤差をもったデータ.(a) エラーを$\pm\sigma$の幅のバーで表す.
(b) 第三の軸で確率を表すことができる.

### 11・1・2 モ デ ル 関 数

$x_i$と$y_i$を関係づける関数$y=f(x)$が**モデル関数**である.**回帰直線**,あるいは**回帰曲線**ともいう.モデル関数の根拠となる考え方・アイディアが理論モデルである.あとで述べるように,Excelでいとも簡単にデータフィッティングができる.便利この上ないが,モデル関数の吟味がおろそかになりがちなので注意が必要である.モデル関数は次の点を検討しながら決定すべきである.

**a. 理論モデルがあるか** 多くの現象では$x$と$y$の間に比例関係がある.用いるモデル関数は$y=ax$,あるいは,ずれを考慮した$y=ax+b$である.この場合,フィッティングの目的は,

(ⅰ) とりあえず比例関係があるといえるか試してみる.
(ⅱ) 比例関係があることを確認する.
(ⅲ) (比例関係が成り立つことは明白なので) 比例係数を求める.

とさまざまである.(i)と(ii)ではデータをグラフ化するだけでも見当がつくが,計算することによって係数の確からしさが決められる.(i)では"次数を上げたい,たとえば$y=ax^2+bx+c$を試してみたい,次には$y=ax^3+bx^2+cx+d$を…"という誘惑にかられるが,熟慮が必要である.パラメーターの数が増えれば増えるほどデータの近くを通る曲線を

つくりやすくなる．そしてそれが最終的に行き着く先は，$n$ 個の点をすべて通る $(n-1)$ 次の曲線，つまり**選点多項式**である．しかし，選点多項式は一般に凸凹がはなはだしく，またわずかなデータの変化に対してグラフが大きく変わるので合理性をもたない．

比例関係を説明する理論モデルがあっても，成り立つ範囲が限定されていることがよくある．たとえば，$x$ が小さい間は**比例関係**が成り立つが，$x$ が大きくなれば $y$ が $y_{max}$ で飽和するというような現象である．このようなモデル関数は数多いが，できれば特定の関数を選んだ根拠づけがほしい．もし $x$ が時間であれば，"逆反応が起こって平衡状態になるから飽和したかのように見える"という説明があてはまるかもしれない．これを反応式で表せば，

$$A \underset{k'}{\overset{k}{\rightleftarrows}} B \tag{11・1}$$

であり，時刻 $t$ における B の濃度 $f(t)$ は，$t \to \infty$ における B の定常濃度 $[B]_\infty$ を用いて，

$$f(t) = [B]_\infty [1 - e^{-(k+k')t}] \tag{11・2}$$

で表すことができる．確かに

$$f(t) \to \begin{cases} (k+k')[B]_\infty t & (t \to 0) \\ [B]_\infty & (t \to \infty) \end{cases} \tag{11・3}$$

であるからこの $f(t)$ は"はじめ正比例でやがて飽和する"という条件にかなう関数である．

理工学では比例関係のほかに**減衰関係**がよく登場する．時間の経過につれて減少し最後にゼロになるという現象である．このような関係は，たとえば反応式(11・1)で逆反応が起こらない場合，つまり1次反応における反応物 A の濃度について成り立つ．モデル関数の式は，

$$f(t) = [A]_0 e^{-kt} \tag{11・4}$$

である．このような指数関数的な減衰は，放射性同位体の壊変に伴う放射線強度を観測してもみられる．

減衰しても指数関数的にならない例は化学反応では珍しくない．有名な例がアセトアルデヒドの熱分解反応

$$CH_3CHO \longrightarrow CH_4 + CO \tag{11・5}$$

であり，1次反応ではなく，2次反応である（参考文献13参照）．この理由は，$\cdot CH_3$ などのフリーラジカルが反応に関与するからである．そしてモデル関数は，

$$f(t) = \frac{a}{1 + kat} \tag{11・6}$$

の形である．これは，$t \to \infty$ で $t^{-1}$ なのでべき乗関数的な減衰の一種である．

**b. 理論モデルの構築は研究テーマになりうる** アセトアルデヒドの熱分解のモデル関数がなぜ分数式なのか，なぜ指数関数ではないのかを詳しく調べることによって合理的な理論モデルが構築できた．これは歴史に残る成功物語であるが，いつも合理性のあるモデル関数がみつかるとは限らない．たとえば，環境ホルモンの超音波分解では空気中でも酸素中でもアルゴン中でもほぼ指数関数的に濃度が減衰するのに対し，窒素中では最初からしばらくは直線的に減衰することが知られている．後者の場合，指数関数をモデル関数としてフィッティングしても確かにパラメーターが得られるがそれにどのような意味があるのか，検討が必要である．

**c. 正確であればあるほどよいモデル関数なのか** ここでいう"正確"とはモデル関数がデータ点のすぐ近くを通るという意味である．実験データへのフィッティングでは，正確でありさえすればどんな関数を使ってもよいものではないことはすでに述べた．誤差が含まれていることと理論モデルによる根拠づけがほしいというのがその理由であった．

しかし，精度の高い代表点に対するフィッティングでは，できる限り広い範囲をできる限り正確に通ってほしい．よく用いられるのが，分母・分子に多項式を用いる**パデ近似式**（Padé approximant）である（参考文献8参照）．

## 11・1・3 最適化

モデル関数が決まったら，パラメーターを変化させてデータ点とモデル関数の間の距離を計算し，そのなかで最小のパラメーターの組をみつける．これを一般に**最適化**とよぶ．

ここで距離を定義する必要がある．誤差を含む測定データの場合にはデータ点 $y_i$ と関数値 $f(x_i)$ の差の2乗の平均値，つまり二乗和の平均値を取ることが理にかなっている．このように定義された距離を最小にすることを**最小二乗法**という．

一方，正確な代表点の場合には，とにかく点の近くをモデル関数が通ることが重要である（参考文献8参照）．よく採用される判断基準が，パラメーターの値を変化させながら，データ点と関数値とのずれが一番大きいところを探し，その値を最小にすることであるが（**ミニマックス原理**），本書ではこれ以上立ち入らないことにする．

次に，最適化の実施方法について概略を述べよう．モデル関数がパラメーターについて線形

$$f(x) = a_n x^n + a_{n-1} x^{n-1} + \cdots + a_1 x + a_0$$

の場合には連立一次方程式を解けば答えが出る．

そうでない場合，つまりパラメーターについて非線形の場合には，適当な初期値を選

び，しだいに答えに近づくようにする．近づき方はさまざまである．このような非線形最適化問題では，最適値を逃して2番目や3番目のピーク値に収束することがよくある．あるいは，収束しないこともありうる．初期値の選び直し，あるいはモデル関数の再検討が必要になる．

## 11・2 線形データフィッティング

前節で述べたことをもっと具体的に説明していこう．モデル関数はパラメーターが二つの*

$$f(x) = ax + b \tag{11・7}$$

とするが，パラメーターの数がもっと多くても考え方は変わらない．また，式(11・11)までは非線形データフィッティングにも適用できる式である．

### 11・2・1 モデル関数の確率

図11・1の釣鐘形の確率分布は，詳しくいうと平均値が $y_i$，標準偏差が $\sigma_{y,i}$ の正規分布

$$P_i(y) = \frac{1}{\sigma_{y,i}\sqrt{2\pi}} \exp\left[-\frac{(y-y_i)^2}{2\sigma_{y,i}^2}\right] \tag{11・8}$$

である．ここで使われている統計パラメーターは有限回の測定データから得られたものである．$y$ がモデル関数の値 $f(x_i)$ を取るときの確率は，

$$P_i(a, b) = \frac{1}{\sigma_{y,i}\sqrt{2\pi}} \exp\left[-\frac{[f(x_i; a, b) - y_i]^2}{2\sigma_{y,i}^2}\right] \tag{11・9}$$

である．ここで確率がパラメーター $a, b$ に依存することを陽に表した．図11・2はこの様子を図解したものである．図の黒丸は測定点であり，そこで確率が最大である．白丸はモデル関数の場所における確率 (11・9) を示している．

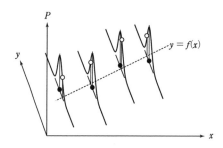

図11・2 モデル関数の確率．黒丸は測定点．白丸はモデル関数における確率．

---

\* Taylor は $y = a + bx$ の形の関数を用いている（参考文献1）．

データフィッティングの根本は，確率の積 $Q$ を最大にするモデル関数を決めることである．実際に積を計算すると，

$$Q(a, b) = P_1(a, b) P_2(a, b) \cdots P_n(a, b)$$
$$= \left(\frac{1}{2\pi}\right)^{\frac{n}{2}} \frac{1}{\sigma_{y,1} \cdots \sigma_{y,n}} e^{-\frac{1}{2}S(a,b)} \qquad (11\cdot 10)$$

$$S(a, b) = \sum_{i=1}^{n} \frac{[f(x_i; a, b) - y_i]^2}{\sigma_{y,i}^2} \qquad (11\cdot 11)$$

であるから，$S$ を最小にするパラメーター $a, b$ を決めることであるといってもよい．ここで式(11・11)の形に注目してほしい．$S$ は測定値とモデル値の差〔**残差**（residual）とよばれる〕の二乗和である．データフィッティングといえば $S$ を最適化するために最小二乗法を用いるというのがデータ解析の常識である．

へそ曲がりの人は"差の二乗和を差の絶対値の和で置き換えてもデータフィッティング"ができると主張するかもしれないが，誤差が正規分布に従う限り最小二乗法が最適である．

### 11・2・2 モデル関数の最適化

式(11・11)に式(11・7)を代入して，

$$S(a, b) = a^2 \Sigma_{xx} + 2ab\Sigma_x + b^2 \Sigma_1 - 2a\Sigma_{xy} - 2b\Sigma_y + \Sigma_{yy} \qquad (11\cdot 12)$$

が得られる．ここで $\Sigma$ 係数は，

$$\Sigma_p = \sum_{i=1}^{n} \frac{p_i}{\sigma_{y,i}^2} \qquad (11\cdot 13)$$

によって定義する．$p$ は $xx$ $(\equiv x^2)$, $yy$ $(\equiv y^2)$, $xy$, $x$, $y$, $1$ のいずれかであり，たとえば，

$$\Sigma_1 = \sum_{i=1}^{n} \frac{1}{\sigma_{y,i}^2} \qquad (11\cdot 14)$$

である．

式(11・12)を次の等価な式に書き改めることができる．

$$S(a, b) = (a - a_0)^2 \Sigma_{xx} + 2(a - a_0)(b - b_0)\Sigma_x + (b - b_0)^2 \Sigma_1 + S_0 \qquad (11\cdot 15)$$

ただし，$a_0$, $b_0$, $S_0$ は次式を満足する．

$$a_0 \Sigma_{xx} + b_0 \Sigma_x = \Sigma_{xy} \qquad (11\cdot 16)$$
$$a_0 \Sigma_x + b_0 \Sigma_1 = \Sigma_y \qquad (11\cdot 17)$$
$$S_0 = \Sigma_{yy} - (a_0^2 \Sigma_{xx} + 2a_0 b_0 \Sigma_x + b_0^2 \Sigma_1) \qquad (11\cdot 18)$$

式(11・15)と式(10・21)の類似性に留意してほしい．式(11・16)と式(11・17)は $a_0$ と $b_0$ についての連立方程式であるから解を求めることができて，

$$a_0 = \frac{\Sigma_1 \Sigma_{xy} - \Sigma_x \Sigma_y}{\Delta} \tag{11・19}$$

$$b_0 = \frac{\Sigma_{xx} \Sigma_y - \Sigma_x \Sigma_{xy}}{\Delta} \tag{11・20}$$

$$\Delta = \Sigma_1 \Sigma_{xx} - (\Sigma_x)^2 \tag{11・21}$$

である。$\Delta > 0$ であるから（演習問題 11・3）$S(a, b)$ は $a=a_0$, $b=b_0$ で最小値 $S_0$ を取る。なぜなら, 式(11・15)は次のような二乗の和に書き換えられるからである。

$$S(a, b) = \left[(a-a_0)\sqrt{\Sigma_{xx}} + (b-b_0)\frac{\Sigma_x}{\sqrt{\Sigma_{xx}}}\right]^2 + (b-b_0)^2\frac{\Delta}{\Sigma_{xx}} + S_0 \geq S_0 \tag{11・22}$$

結局, 式(11・10)の定数係数を省略すれば,

$$Q(a, b) \propto \exp\left\{-\frac{1}{2}[(a-a_0)^2 \Sigma_{xx} + 2(a-a_0)(b-b_0)\Sigma_x + (b-b_0)^2 \Sigma_1]\right\} \tag{11・23}$$

が得られる。式(11・23)は, 相関のある2変量の確率分布の式(10・20)および式(10・21)と同等である。標準形と対応させれば,

$$\Sigma_{xx} = \frac{1}{1-r^2} \cdot \frac{1}{\sigma_a^2} \tag{11・24}$$

$$\Sigma_x = -\frac{1}{1-r^2} \cdot \frac{r}{\sigma_a \sigma_b} \tag{11・25}$$

$$\Sigma_1 = \frac{1}{1-r^2} \cdot \frac{1}{\sigma_b^2} \tag{11・26}$$

である。相関係数 $r$ そして $1-r^2$ は,

$$r = -\frac{\Sigma_x}{\sqrt{\Sigma_{xx}\Sigma_1}} \tag{11・27}$$

$$1 - r^2 = -\frac{\Delta}{\Sigma_{xx}\Sigma_1} \tag{11・28}$$

と決まり, $a$ および $b$ の誤差（標準偏差）はそれぞれ

$$\sigma_a = \frac{\Sigma_x}{\sqrt{1-r^2}} \cdot \frac{1}{\sqrt{\Sigma_{xx}}} = \frac{\sqrt{\Sigma_1}}{\sqrt{\Delta}} \tag{11・29}$$

$$\sigma_b = \frac{1}{\sqrt{1-r^2}} \cdot \frac{1}{\sqrt{\Sigma_1}} = \frac{\sqrt{\Sigma_{xx}}}{\sqrt{\Delta}} \tag{11・30}$$

となる。

### 11・2・3 誤差が同じデータの場合

すべてのデータ点の誤差が同じである測定,あるいは誤差が同じであるとみなすデータフィッティングがきわめて多い.前節の特別な場合ではあるが,実用的価値が高いのでここで整理しておこう.以下では,

$$\sigma_{y,i} = \sigma_y \quad (i = 1, \cdots, n) \quad (11・31)$$

として誤差を揃え,$X = \dfrac{X'}{\sigma_y^2}$ によって′付きの量を定義する.そうすれば確率(11・10)は,

$$Q(a,b) = \left(\frac{1}{\sigma_y\sqrt{2\pi}}\right)^n \exp\left[-\frac{1}{2\sigma_y^2}S'(a,b)\right] \quad (11・32)$$

$$S'(a,b) = \sum_{i=1}^{n}(ax_i + b - y_i)^2 \quad (11・33)$$

となる.また,式(11・13)の定義を

$$\Sigma_p = \frac{1}{\sigma_y^2}\Sigma_p'$$

とする.そうすれば $\Sigma_p'$ は簡単になって,たとえば,

$$\Sigma_{xy}' = \sum_{i=1}^{n} x_i y_i$$

である*.しかし $\Delta$ については,

$$\Delta = \frac{1}{\sigma_y^4}\Delta' \quad (11・34)$$

$$\Delta' = \Sigma_1'\Sigma_{xx}' - (\Sigma_x')^2 = n\sum_{i=1}^{n}x_i^2 - \left(\sum_{i=1}^{n}x_i\right)^2 \quad (11・35)$$

である.そして,最確値(11・29)～(11・30)は,

$$a_0 = \frac{n\Sigma_{xy}' - \Sigma_x'\Sigma_y'}{\Delta'} \quad (11・36)$$

$$b_0 = \frac{\Sigma_{xx}'\Sigma_y' - \Sigma_x'\Sigma_{xy}'}{\Delta'} \quad (11・37)$$

となり,誤差は,

$$\sigma_a = \frac{\sqrt{n}}{\sqrt{\Delta'}}\sigma_y \quad (11・38)$$

$$\sigma_b = \frac{\sqrt{\Sigma_{xx}}}{\sqrt{\Delta'}}\sigma_y \quad (11・39)$$

と見積もられる.

---

\* 参考文献1 (p.190) では $\Sigma_{xy}'$ を $\Sigma xy$ と表記している.

**a. フィッティング結果からデータ点の誤差を見積もること**　データ点の誤差 $\sigma_{y,i}$ を考慮せずにデータ $(x_i, y_i)$ を取ることが多い。回帰直線は式 (11・36)，式 (11・37) からただちに求められるが，この場合でも平均値 $\sigma_y$ を見積もることが可能である。そのためには図 11・2 において，すべての点が同じ確率分布からサンプリングされた点であると考える。そこで，四つの測定点におけるデータ点とモデル関数の点を一つの確率分布の上に重ね合わせると図 11・3(a) が得られる。ただし，話をわかりやすくするために点が一つ増えている。母集団は正規分布をしているが，実際にランダムサンプリングで得られたのは5点である。それらを度数分布として表したものが図 11・3(b) である。白丸が重なっているのは仕分箱の中に二つ入ったからである。このように，図 11・3(a) と図 11・3(b) が意味するところは同じであるが，度数分布が正規分布らしく見えるようになるには相当数の点が必要である。

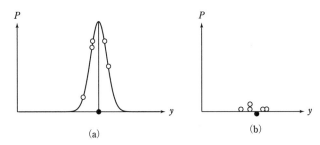

**図 11・3**　データ点の確率分布．(a) 図 11・2 の確率分布を重ね合わせる．(b) 度数分布．

さて，この章の冒頭の項目 (vi) で述べたように発想を転換して，黒丸が確率分布の中心，白丸がランダムサンプリングで得られた点であるとしよう。確率の値自体は丸の意味をどちらに解釈しても同じである。そうすれば標準偏差 $\sigma_y$ の正規分布からランダムサンプリングによって測定データが得られるという，至極当たり前の話になる。$\sigma_y$ は，

$$\sigma_y^2 = \overline{[f(x)-y]^2}$$

で定義されるので，有限個のデータ点に対しては，

$$\sigma_y^2 = \frac{1}{n-2}\sum_{i=1}^{n}[f(x_i)-y_i]^2 = \frac{S_0'}{n-2} \qquad (11 \cdot 40)$$

で得られる。ここで $S_0'$ は $S'$ の最小値である。分数の分母が $n$ ではなく，$n-2$ となっているのは，標本標準偏差の分母が $n-1$ であるのと似た理由による。$n=2$ のとき，データ点を通る直線は常に存在するから，分母が $n$ ならば $\sigma_y = 0$ である。しかし，これはありえない。分母が $n-2$ であれば式 (11・40) は $\frac{0}{0}$ の不定形となって直感とあう。式 (11・40) はパラメーターの数が 3 以上でも，あるいは非線形のモデル関数に対しても有

効である．理想をいえば，$n$ でも $n-2$ でも違いが出ないだけのデータ点数 $n$ がほしい．

**b. 回帰直線は重心を通る**　　回帰直線は，

$$y = a_0 x + b_0 \tag{11・41}$$

であり，$a_0$, $b_0$ はそれぞれ式(11・36)と式(11・37)で与えられる．この直線は必ずデータ点の**重心**$(\bar{x}, \bar{y})$を通る．なぜなら重心の座標は，

$$\bar{x} = \frac{1}{n} \sum_{i=1}^{n} x_i \tag{11・42}$$

$$\bar{y} = \frac{1}{n} \sum_{i=1}^{n} y_i \tag{11・43}$$

であり，$x=\bar{x}$, $y=\bar{y}$ は式(11・41)の解であるからである．この事実は，データ点をグラフ用紙にプロットしたあと（最小二乗法によらないで）回帰直線を引く際に役に立つであろう（参考文献2のp.84, 96参照）．

### 11・2・4　特別な場合：原点を通る回帰直線

$x$ と $y$ が比例するという前提条件のもとでデータフィットをする場合がある．モデル関数は，

$$f(x) = ax \tag{11・44}$$

であるから $S$ 関数(11・11)は，式(11・12)で $b=0$ とおいて，

$$S(a) = \Sigma_{xx}\left(a - \frac{\Sigma_{xy}}{\Sigma_{xx}}\right)^2 + \Sigma_{yy} - \frac{(\Sigma_{xy})^2}{\Sigma_{xx}} \tag{11・45}$$

となる．$a$ の最適値 $a_0$ は，

$$a_0 = \frac{\Sigma_{xy}}{\Sigma_{xx}} \tag{11・46}$$

である．パラメーター $a_0$ の不確かさは，

$$\sigma_a = \frac{1}{\sqrt{\Sigma_{xx}}} \tag{11・47}$$

となる．もし，データ点の誤差が同じであれば最確値と誤差はそれぞれ

$$a_0 = \frac{\Sigma_{xy}'}{\Sigma_{xx}'} \qquad \sigma_a = \frac{1}{\sqrt{\Sigma_{xx}'}} \sigma_y \tag{11・48}$$

である．

### 11・2・5　線形データフィッティングに変換できる非線形モデル関数

パラメーターについて見かけ上非線形であるが，線形に変換できるモデル関数がいくつかある．典型的な例が，

$$z = p e^{-kx} \tag{11・49}$$

である．$x$ が経過時間であれば $p$ はたとえば濃度あるいは強度である．この場合，縦軸を対数軸にして表示すれば直線になる．つまり，自然対数関数 ln を用いて[*1]，

$$y = \ln z$$

と変換すれば，

$$y = -kx + \ln p \equiv ax + b$$

と1次関数になる．この作業で注意すべき点が二つある．

（ⅰ）$z=0$ で $\ln z$ は発散する[*2]．$(n+1)$ 番目のデータが誤差の範囲内でゼロになったら，$n$ 番目までのデータを採用する．それ以降のデータは，たとえ有限の大きさのものが含まれていても捨てるべきである．

（ⅱ）対数を取ることによって誤差が変わる．たいていの実験では，元データ $z$ の誤差を一定とみなしてよい．しかし，対数を取れば値が小さいデータの誤差が相対的に大きくなる．

一例を図 11・4 に示す．図の左が $z_i \pm \sigma_z$ のグラフ，右が $\log(z_i \pm \sigma_z)$ の対数グラフ[*3]であり，見やすくするためにエラーバーを太くしてある．いずれも $\sigma_z = 2.5$ である．データ値が小さくなると対数グラフの誤差が非対称に増えることがわかる．対数グラフでエラーバーが示す範囲は，

$$\log(z \pm \sigma_z) = \log z + \log\left(1 \pm \frac{\sigma_z}{z}\right) \tag{11・50}$$

である．$\left|\dfrac{\sigma_z}{z}\right|$ が小さければ誤差が $z$ に反比例するとみなせて，

$$\sigma_{y,i} \propto \frac{\sigma_z}{z} \tag{11・51}$$

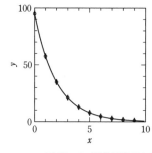 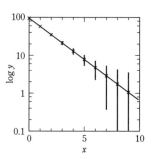

図 11・4　指数関数的に減衰するデータの対数グラフ

---

[*1] ln を log と表すことも多い．
[*2] Excel では $z \leq 0$ で #NUM! エラーとなる．ちなみに数学では $z<0$ で複素関数になる．
[*3] ここで用いた対数は常用対数 $\log_{10}$ である．

のように上下対称になる．しかし，$\left|\dfrac{\sigma_z}{z}\right|$が大きければ式(11・50)に基づいて誤差を見積もらねばならない．

これらの問題点を完全に解決したければ，式(11・49)のままで非線形データフィッティングをすべきである．

### 11・2・6 3パラメーターによる線形データフィッティング

モデル関数(11・7)の自由度を一つ増やして，

$$f(x) = a\alpha(x) + b\beta(x) + c\gamma(x) \tag{11・52}$$

としよう．$x$の関数$\alpha(x)$, $\beta(x)$, $\gamma(x)$は整関数（たとえば$\alpha=1$, $\beta=x$, $\gamma=x^2$）はもちろんのこと，他の種類の関数でも構わない[*1]．

2パラメーターの$S$の式(11・11)と類似した残差の二乗和

$$S(a,b,c) = \sum_{i=1}^{n} \frac{[f(x_i;a,b,c)-y_i]^2}{\sigma_{y,i}^2} \tag{11・53}$$

をつくって最小値をみつけるのが次のステップである．便利な方法は，パラメーターについて偏微分を行って勾配がゼロになる点を決めるやり方である[*2]．結果を記すと次のようになる．

$$\frac{1}{2}\cdot\frac{\partial S}{\partial a} = a\Sigma_{\alpha\alpha} + b\Sigma_{\alpha\beta} + c\Sigma_{\alpha\gamma} - \Sigma_{\alpha y} = 0 \tag{11・54}$$

$$\frac{1}{2}\cdot\frac{\partial S}{\partial b} = a\Sigma_{\beta\alpha} + b\Sigma_{\beta\beta} + c\Sigma_{\beta\gamma} - \Sigma_{\beta y} = 0 \tag{11・55}$$

$$\frac{1}{2}\cdot\frac{\partial S}{\partial c} = a\Sigma_{\gamma\alpha} + b\Sigma_{\gamma\beta} + c\Sigma_{\gamma\gamma} - \Sigma_{\gamma y} = 0 \tag{11・56}$$

ここで$\Sigma$係数は式(11・13)を拡張して次のように定義される．

$$\Sigma_{pq} = \sum_{i=1}^{n} \frac{p(x_i)q(x_i)}{\sigma_{y,i}^2} \tag{11・57}$$

$p$, $q$は$\alpha$, $\beta$, $\gamma$のどれかである．式(11・54)〜(11・56)は3元連立1次方程式であり，これの解が最確値$a_0$, $b_0$, $c_0$である．このように線形データデータフィッティングでは，パラメーターについての連立1次方程式を解けば問題が解決する．

## 11・3　Excelで回帰直線を求める

### 11・3・1　パラメーターを実際に計算して

図11・5では$n=5$点の$(x, y)$について$y=ax+b$による線形データフィッティングを

---

[*1] このことは式(11・7)についてもあてはまり，たとえば$f(x)=a\cos x+b$でも構わない．
[*2] この方法は2パラメーターの場合に，最適解$(a_0, b_0)$を求めるところでも適用できた．

行っている．データ領域はA3〜B7である．各データに誤差が付随していないので式(11・36)〜(11・40)を計算する．表の$\Sigma$は$\Sigma'$のことであるが，総和記号と解釈してもかまわない．11行目で$\Sigma$と$\Delta$を求め，15行目で$a=1.25$と$b=0.4$を出している．H列は残差$(ax_i+b-y_i)$の2乗であり，H10セルで$\sigma_y=0.949$を出している．さらに誤差$\sigma_a=0.15$，$\sigma_b=0.37$と相関係数$r=0.98$，$r^2=0.9586$も計算している．相関係数の計算には式(9・36)を用いている．"自分で計算"の散布図グラフは，データ点と回帰直線(A3, G3)-(A7, G7)を図示している．

8行目の空白は，$x>8$のデータをあとから追加する可能性を考慮して入れてあり，見やすくするためだけではない．データ数が増えれば"ホーム"→"挿入"→"セルの挿入"で行を追加することができる．なお，$\Sigma$と$\sigma_y$のSUMの範囲は3行目〜8行目にしておくとよい．また，E3セルの$n$値を=COUNT(A3:A8)としておくと$n$の入力ミスが防げる．

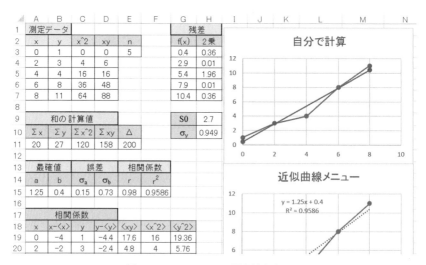

図11・5 エクセルで回帰直線を求める

### 11・3・2 SUM関数の発展形

図11・5の立場は，最も単純なSUM関数ですべての総和を計算しようというものである．おそらくHELPを必要とせずに誰でもが正しく使いこなせるであろう．しかし，Excelに慣れている人であれば，いちいち積をつくるのが面倒くさいという感想をもつかもしれない．その場合にはSUMPRODUCT関数をお勧めする．たとえば，図11・5の$\Sigma x^2 (=\Sigma_{xx}')$，$\Sigma xy (=\Sigma_{xy}')$は次の命令で完結する．

$\Sigma\text{x}^{\wedge}2 \leftarrow$ SUMPRODUCT(A3:A7,A3:A7)

$\Sigma\text{xy} \leftarrow$ SUMPRODUCT(A3:A7,B3:B7)

ただし，次の点に留意すること．

(ⅰ) 類似の関数がほかにもあるので使い慣れていない関数は使わないこと*．検索でみつけた関数をそのまま使うと誤用の危険性が大きい．

(ⅱ) 融通のきく関数なのでエラーメッセージが出ないからといって計算が正しいとは限らない．たとえば，SUMPRODUCT(A3:B7)は何の問題もなく（間違った）数値を返してくる．

### 11・3・3 グラフ機能を活用して

図 11・5 の"近似曲線メニュー"のグラフは，データ点のみから作成した．そのあと近似曲線メニューを開いて処理すれば回帰直線の式と $R^2$ が次のように得られる．

$$y = 1.25x + 0.4$$
$$R^2 = 0.9586$$

これらの値は"自分で計算"で得られたものと同じである．

ここに至るまでの操作法を少し詳しく説明しよう．データの散布図プロットをまずつくる．グラフの中でマウスポインターでデータを選ぶと"近似曲線の追加"というメニューが現れる．その中で"線形近似"，"グラフに数式を表示する"，"グラフに R-2 乗を表示する"を選べば図 11・5 の回帰直線と直線の式，そして $R^2$ がただちに表示される．このとき"切片"の項目はそのままにしておく．

表示された計算式の $a$, $b$ 値，相関係数 $R^2$ の値は，自分で計算した $a$, $b$ 値，$r^2$ 値と一致することがわかる．ほとんどの Excel ユーザーはグラフを描いたあとで近似曲線メニューを使う方式を選ぶが，メニューの内容を理解するためには自分でも計算して納得しておくべきである．

なお，すでに"カーブフィッティング"について §9・5・3 で注意したことであるが，図 11・5 の相関係数 $r$ の計算で $a$, $b$ 値は使われていないので $r$ はフィッティングがうまくいったかどうかの指標ではない．むしろフィッティングをするに値するデータであるかの指標である．

## 11・4 非線形データフィッティング
### 11・4・1 モデル関数の例

パラメーターについて 1 次式でないモデル関数，あるいは 1 次式に変換できないモデ

---

\* $\Sigma\text{xx} \leftarrow$ SUMSQ(A3:A7) でも計算できる．二乗和関数 SUMSQ は知っておくと便利．

ル関数を最適化するデータフィッティングはすべて非線形データフィッティングである．例をいくつかあげよう．

ガウス（Gauss）関数

$$f(x) = p e^{-k(x-q)^2} \tag{11・58}$$

は式(11・49)と似ているが対数を取っても線形にならない．$kq^2$項など，パラメーターの積が含まれるからである．

単項式であれば線形問題であるが複数項のために非線形問題となる場合がある．式(11・49)については，

$$f(x) = p_1 e^{-k_1 x} + p_2 e^{-k_2 x} \tag{11・59}$$

が非線形問題となる．この場合，対数表示をすれば，傾きの大きい直線のあとで傾きの小さい直線が見えるので，運が良ければ領域ごとに線形問題として扱える．

式(11・58)を複数含む問題

$$f(x) = p_1 e^{-k_1(x-q_1)^2} + p_2 e^{-k_2(x-q_2)^2} \tag{11・60}$$

はもちろん非線形である．この種の問題は分子スペクトルの解析で頻繁に登場する．まず項数がいくつになるかを決めるところから問題が始まる．パラメーター数が増えれば増えるほど残差は小さくなるが，それが意味のあることか検討せねばならない．

### 11・4・2　非線形フィッティングの考え方

前節のモデル関数$f(x)$に対応して残差の二乗和$S(\boldsymbol{a})$が求まる．$\boldsymbol{a}$はパラメーターの組なのでベクトルとして表記する．$S$を最小にするパラメーターの値を見つければ最適化は完了する．その意味で言えば，線形でも非線形でもめざすことは同じである．しかし，そこに至る道がまったく違う．線形問題では連立方程式を解けばすぐに答えが得られるが，非線形問題ではすぐに答えが出せない．

さまざまな非線形最適化方式が提案されているが（参考文献9参照），それらに共通するのは適当な初期値からスタートし，同じ計算方式（アルゴリズムという）を繰返しながら一歩一歩最小値へと近づいていくという手法である．

アルゴリズムを大別すれば，$S$のほかにパラメーターについての微係数$\partial S/\partial \boldsymbol{a}$などを用いる方式と$S$のみを用いる方式になる．前者の代表は**最大傾斜法**である．後者では$n$次元空間で$(n+1)$角形をつくっていく**シンプレックス**（Simplex，単体）**法**が代表的である．2次元空間でのシンプレックスは三角形，3次元空間のシンプレックスは四面体である．この方法では，頂点の値を調べて最も悪い（値が最も大きい）頂点$x_h$が次にどう動けばよいかを判断する（参考文献9参照）．頂点の動きには，鏡映，拡張，収縮の3種類がある．

図 11・6 は 2 次元シンプレックス法の例である．表 11・4 のデータ $(x_i, y_i)$ に対して（横軸は 5 ではなく 0 から 2 ずらしてある），

$$f(x) = 50a\mathrm{e}^{-\frac{1}{10}bx}$$

というモデル関数を用いて，

$$S(a, b) = \sum_{i=1}^{n} [f(x_i) - y_i]^2$$

が小さくなるように $x_h$ を移動させている．薄い灰色が最初のシンプレックスであり濃い灰色が七つ目である．$b$ は 1.132 に収束するので，時定数の $10/b$ は 8.8 である．この値は演習問題 11・10 の線形フィッティングの結果と矛盾しない．

図 11・6 では真の最小値を見事に見つけ出しているが，もし初期値の設定が的外れであれば偽の極小に収束したり，$S$ が大きな値になったままで袋小路に入り込む（つまり発散する）ことがある．

モデル関数を適切に設定すること，非線形であれば初期値を適切に選ぶこと，そしてもちろんフィッティングに値する精度の高い測定値を得ることがデータフィッティングで必要である．

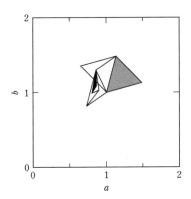

図 11・6　2 次元シンプレックス

【演習問題】

**11・1** ［回帰直線のパラメーター］　平均値を用いると式 (11・19)〜(11・21) が次のように書き改められることを示せ．

$$a_0 = \frac{\overline{x_i y_i} - \overline{x_i} \cdot \overline{y_i}}{\overline{x_i^2} - (\overline{x_i})^2}$$

$$b_0 = \frac{\overline{x_i^2} \cdot \overline{y_i} - \overline{x_i} \cdot \overline{x_i y_i}}{\overline{x_i^2} - (\overline{x_i})^2}$$

**11・2** [回帰直線のパラメーター] 平均からのずれを $\delta x = x - \bar{x}$, $\delta y = y - \bar{y}$ で表すことにする．式(11・19)～(11・21)が次のように書き改められることを示せ（参考文献2のp.95参照）．

$$a_0 = \frac{\overline{\delta x \delta y}}{\overline{(\delta x)^2}}$$

$$b_0 = \bar{y} - a_0 \bar{x}$$

**11・3** [回帰直線のパラメーター] $\Delta > 0$ を示せ．

**11・4** [(Excelによる) 回帰直線] 表11・1のデータについて回帰直線のパラメーター $a_0$, $b_0$ を計算せよ．

表11・1 回帰直線を求める (1)

| $x$ | 0 | 2 | 4 | 6 | 8 |
|---|---|---|---|---|---|
| $y$ | 1 | 3 | 4 | 8 | 11 |

**11・5** [(Excelによる) 回帰直線] Excelのグラフ機能を用いて前問11・4を解け．

**11・6** [(Excelによる) 回帰直線] 表11・1のデータについて $a_0$, $b_0$ の不確かさ $\sigma_a$, $\sigma_b$ を計算せよ．

**11・7** [(Excelによる) 回帰直線] 表11・2のデータについて回帰直線のパラメーター $a_0$ と $b_0$ および不確かさ $\sigma_a$, $\sigma_b$ を計算せよ．

表11・2 回帰直線を求める (2)

| $x$ | 0 | 2 | 4 | 6 | 8 | 10 |
|---|---|---|---|---|---|---|
| $y$ | 1 | 3 | 4 | 8 | 11 | 12 |

**11・8** [(Excelによる) 回帰直線] 表11・3は，気体圧力 $P$ (torr) と気体温度 $t$ (℃) の測定データである（参考文献1のp.196参照）．$P \to 0$ で絶対温度零度になると考えられる．表を $(x, y)$ とみなすか $(y, x)$ とみなすかによって絶対温度零度が違うか否かを調べよ．

表11・3 圧力と温度の関係

| $P$ | 65 | 75 | 85 | 95 | 105 |
|---|---|---|---|---|---|
| $t$ | $-20$ | 17 | 42 | 94 | 127 |

**11・9** [減衰の時定数] 蛍光物質を含む試料セルに $t=0$ で短い光パルスを照射すれば蛍光パルス列が得られる．この様子をExcelで指数乱数〔式(8・8)参照〕を発生させてシミュレーションせよ．なお，蛍光寿命は $\tau=10$ である（時間の単位は考慮しなくてよい）．また必要であればファイルに保存してから再度読み込め．
(a) 蛍光のパルス数のヒストグラムを描け．度数の幅は $\Delta t = 5$ とせよ．

(b) 線形データフィッティングによって減衰の時定数を求めよ．なお，データの誤差は同じとしてよい．

**11・10**［減衰の時定数］　前問11・9の測定結果の一例を表11・4に示す．減衰の時定数とその誤差を求めよ．なお，データの誤差は同じとしてよい．

**表11・4**　時間がたつと減衰する信号強度

| $t$ | 5 | 10 | 15 | 20 | 25 | 30 | 35 | 40 |
|---|---|---|---|---|---|---|---|---|
| $x$ | 43 | 24 | 18 | 4 | 4 | 2 | 3 | 0 |

**11・11**［減衰の時定数］　表11・4について減衰の時定数とその誤差を求めよ．なお，データの誤差は強度に反比例するものとする．

# 12 ポアソン分布

パルスが関係する事象を理解するうえで重要である．

## 12・1 ポアソン分布の基本
### 12・1・1 ポアソン分布はどこから

ポアソン (Poisson) の名前がついた確率分布 $P_\mu(\nu)$ は**離散分布**の一つである．離散分布としてはすでに二項分布を扱っているので，それと対比させて考えていこう．二項分布では $p+q=1$ を満足する確率 $p$ と $q$ が現れる．この式を $n$ 乗すれば，

$$1 = p^n + np^{n-1}q + \cdots + q^n = \sum_{i=0}^{n} {}_iC_n p^i q^{n-i} \tag{12・1}$$

であり，各項には独立な事象〔$n$ 回の試行で相反する事象が $i$ 回と $(n-i)$ 回実現〕が実現する確率という意味づけができる．

ポアソン分布は指数関数の級数展開から導くことができる．つまり任意のパラメーター $\mu > 0$ について，

$$1 = e^{-\mu} \cdot e^{\mu} = e^{-\mu}\left(1 + \mu + \frac{1}{2!}\mu^2 + \frac{1}{3!}\mu^3 + \cdots\right)$$

$$= \sum_{\mu=0}^{\infty} P_\mu(\nu) \tag{12・2}$$

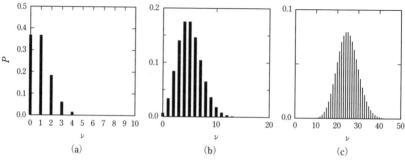

図 12・1 ポアソン分布．(a) $\mu=1$, (b) $\mu=5$, (c) $\mu=25$．

## 12・1 ポアソン分布の基本

という展開ができるから各項

$$P_\mu(\nu) = e^{-\mu}\frac{\mu^\nu}{\nu!} \qquad (12 \cdot 3)$$

を**ポアソン分布**とよぶ．$P_\mu(\nu)$には，パラメーター$\mu$の事象が$\nu$回実現する確率という意味づけができる．$\mu$の大きさに制約はないが，各項に対応する$\nu$回の事象は独立に起こらなければならない．

図12・1は$\mu=1, 5, 25$についてのポアソン分布である．$\mu$が大きくなるに従って正規分布に近づく様子が見て取れるが，このことはあとで証明する．

### 12・1・2 ポアソン近似

§12・1・1で述べた説明は，ポアソン分布の式になぜ指数関数が入っているか，なぜ階乗が入っているかの理由づけにはなっていても，なぜポアソン分布に従う現象が現れるかの説明にはなっていない．実は，ポアソン分布はベルヌーイ(Bernoulli)試行の確率への近似式から生まれたのである（参考文献4参照）．それらの解はもともとパラメーター3個の二項分布であるが，ポアソンはパラメーター2個の近似式で整理した．

**ベルヌーイ試行**とは，起こる・起こらないの2通りの結果が生ずる試行，あるいはそれらを繰返す試行のことであり，1枚のコインをトスして表が出るか裏が出るかを試すことは最も基本的なベルヌーイ試行である．そしてコインを$n$枚にして表が$r$枚出るかをみることもベルヌーイ試行である．そのほか，$n$個のサイコロを投げて目の和が$r$になること，乱数列の隣り合わせの数が特定のペアになること，ある時間内にパルスが$r$個観測されることなどがあげられる．

### 12・1・3 ポアソン分布で説明できる事象

平均値（期待値）が$\mu$という条件のもとで$\nu$回実現する事象であれば何でもよく，次

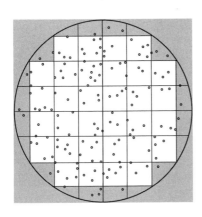

**図12・2** シャーレ中の細菌コロニーの模式図．罫線と陰影はわかりやすくするためにつけたもの．

のようなものがある．

    （ⅰ）微弱光（フォトン）の観測
    （ⅱ）放射線の観測
    （ⅲ）鶏の産卵（参考文献 1, p. 260）
    （ⅳ）細菌コロニーの密度（図 12・2）

最初の二つはいわゆるパルス計測である．

### 12・1・4　ポアソン分布の性質

**a. 平均値と分散**　　平均値を $\mu$ として分布関数を定義してあるのだから自明ではあるが，整合性を確認するために式(12・3)に基づいて算出してみよう．

$$\bar{\nu} = \sum_{\nu=0}^{\infty} \nu P_\mu(\nu) = \mu \tag{12・4}$$

が確かに成り立つ．一方，分散は，

$$\sigma_\nu^2 = \overline{(\nu-\mu)^2} = \overline{\nu^2} - \mu^2 = \mu \tag{12・5}$$

であり，標準偏差は $\sigma_\nu = \sqrt{\mu}$ である．これらは演習問題 12・1 で計算する．

**b. 正規分布との関係**　　図 12・1 より $\mu$ が十分大きければピークは $\nu \approx \mu$ にあることがうかがわれる．このことは演習問題 12・2 で証明する．そこで，標準偏差を基準としたずれ

$$x = \frac{\nu - \mu}{\sqrt{\mu}} \tag{12・6}$$

を考えよう．$\nu$ を消去して近似計算をすれば，

$$\ln P_\mu(\nu) \approx -\frac{1}{2} x^2 - \frac{1}{2} \ln 2\pi\mu \tag{12・7}$$

である（演習問題 12・3）．これは $\mu$ が十分大きければ正規分布

$$P_\mu(\nu) \approx \frac{1}{\sqrt{2\pi\mu}} \exp\left[-\frac{(\nu-\mu)^2}{2\mu}\right] \tag{12・8}$$

で近似できることを意味している．

## 12・2　パ ル ス 事 象

### 12・2・1　二項分布の極限としてのポアソン分布

 離散分布なのに実数値の $\mu$ が現れる点に不自然さを感じるかもしれない．ここでは §12・1・2 のポアソン近似の視点でポアソン分布を導いてみよう．時間幅 $T$ の間に $\nu$ 個のパルスが発生する事象を考える（図 12・3 参照）．その区間を細かく分割しその個数を $N$ とする．各小区間でパルスが発生する確率を $p$ とすると，パルス数 $\nu$ の分布は，

$N$個の玉を取出して黒が$\nu$個,白が$(N-\nu)$個となる二項分布

$$B_{N,p}(\nu) = \frac{N!}{\nu!(N-\nu)!} p^\nu (1-p)^{N-\nu} \qquad (12\cdot 9)$$

である(図12・3a).$\nu \ll N$,かつ$Np=\mu=$一定という条件のもとで$N$を十分大きくすれば,

$$B_{N,p}(\nu) \to P_\mu(\nu) = e^{-\mu} \frac{\mu^\nu}{\nu!} \qquad (12\cdot 10)$$

である(図12・3b).

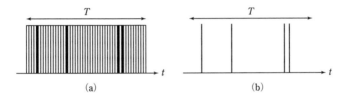

図12・3 パルスの二項分布からポアソン分布へ

## 12・2・2 観測時間への依存性

$P_\mu(\nu)$の式には$T$が含まれていないが,平均は$T$の取り方で変わるはずである.そこで,ある$T$を基準とし,それを$n$倍すればポアソン分布がどう影響されるかを考えてみよう.具体的には次のような場面が考えられる.

( i ) レートメーター(平均線量計)の時定数を$n$倍にする.データが更新される頻度が落ちるが数値のぶれは小さくなるはず.

(ii) 積算時間を$T \to 2T \to 3T \cdots$と増やしながら単位時間当たりの信号と誤差を表示する.データの精度はしだいに上がるはず.

いずれの場合にも平均と誤差,言い換えればモーメントを定義する時間範囲が$T \to nT$になる.ここで$n$は整数とは限らないこと,また1より小さい実数でもよいことを注意しておこう.

さて,平均値については単純に$n$倍になるはずである.したがって,測定時間を$n$倍した場合のポアソン分布の式は,

$$P_{n\mu}(\nu) = e^{-n\mu} \frac{(n\mu)^\nu}{\nu!} \qquad (12\cdot 11)$$

となる.次に分散は,式(12・5)を計算して,

$$\sigma_{n\mu}^2 = \sum_{\nu=0}^{\infty} (\nu-\bar{\nu})^2 P_{n\mu}(\nu) = n\mu \qquad (12\cdot 12)$$

であるから，やはり $n$ 倍になる．標準偏差 $\sigma_{n\mu}$ は $\sqrt{n}$ 倍であるから相対誤差は $\dfrac{1}{\sqrt{n}}$ になる．これが(ii)の意味である．

$nT$ の間に到達したパルス数を $A_n$ とすれば，誤差を含めて $A_n \pm \sqrt{A_n}$ がデータとなる．基準時間 $T$ 当たりのパルス数で表せば，

$$\frac{A_n}{n} \pm \frac{\sqrt{A_n}}{n} = \frac{A_n}{n} \pm \sqrt{\frac{A_n}{n}} \frac{1}{\sqrt{n}} \qquad (12\cdot 13)$$

であり，この値がレートメーターに表示される．$\dfrac{A_n}{n}$ の大きさが一定の信号源を想定しているから，測定時間を $n$ 倍すれば相対誤差は $\dfrac{1}{\sqrt{n}}$ になる．これがパルス計測の一般則であり，(i)も説明できた．

### 12・2・3　パルス計測におけるバックグラウンド成分の除去

シンチレーションカウンターを用いた放射能測定や光電管を用いた微弱光測定では，粒子線や光子に由来しないパルス信号（熱雑音や宇宙線）がバックグラウンドとして混入する．その影響を除去するために信号源をはずしてバックグラウンド（雑音）を計数する．今，時間 $T$ の間のパルス信号が $A$ カウントであれば，$A \pm \sqrt{A}$ が誤差込みのカウント数である．また，バックグラウンドが $B$ カウントであれば，$B \pm \sqrt{B}$ が誤差込みのカウント数である．信号からバックグラウンドを差し引けば，カウント数については $A - B$ である．誤差についてはそのまま差を取れば $\pm \sqrt{A} \pm \sqrt{B}$ であるが，誤差伝播の考え方によって誤差は $\pm \sqrt{(\sqrt{A})^2 + (\sqrt{B})^2} = \pm \sqrt{A + B}$ となる．結局，信号強度 $R_{sig}$ は，

$$R_{sig} = A - B \pm \sqrt{A + B} \ \text{カウント}/\text{s} \qquad (12\cdot 14)$$

である．

### 12・2・4　パルス信号の積算

§12・2・3の方法を何回も繰返して信号を拾い出すことがよく行われる．時間 $T$ の間，装置を ON にしてカウント数が $A_i$，そして時間 $T$ の間，装置を OFF にしてカウント数

表12・1　バックグラウンドを差し引きながら信号を積算する．

| $i$ | ON | OFF | 積算信号 |
|---|---|---|---|
| 1 | $A_1$ | $B_1$ | $(A_1 - B_1) \pm \sqrt{A_1 + B_1}$ |
| 2 | $A_2$ | $B_2$ | $(A_1 + A_2 - B_1 - B_2) \pm \sqrt{A_1 + A_2 + B_1 + B_2}$ |
| ⋮ | ⋮ | ⋮ | ⋮ |
| $k$ | $A_k$ | $B_k$ | $\Sigma A_k - \Sigma B_k \pm \sqrt{\Sigma A_k + \Sigma B_k}$ |

が $B_i$ であるとしよう．これを次のように $k$ 回繰返す（表 12・1）．

$k$ サイクル積算したときの信号強度を平均値で表せば，

$$R_{\text{sig}} = \bar{A} - \bar{B} \pm \frac{\sqrt{\bar{A}+\bar{B}}}{\sqrt{k}} \text{ カウント/s} \qquad (12\cdot 15)$$

となる．S/N 比（signal-to-noise ratio）が積算回数の平方根に比例して向上することがわかる．この結果は，§12・2・2 の最後で述べたパルス計測の一般則に合致する．

### 演習問題

**12・1**［モーメント］ $P_\mu(\nu)$ の 1 次のモーメント $\bar{\nu}$ と 2 次のモーメント $\overline{\nu^2}$ を計算せよ．

**12・2**［大きい $\mu$］ $\mu$ が十分大きければ，$P_\mu(\nu)$ のピークが $\nu \approx \mu$ にあることを示せ．

**12・3**［大きい $\mu$］ $\mu$ が十分大きければ，

$$\ln P_\mu(\nu) \approx (\text{定数}) - \frac{(\nu-\mu)^2}{2\mu}$$

が成り立つことを示せ．

**12・4**［導出］ $\nu \ll N$，かつ $Np = $ 一定という条件のもとで $N$ を十分大きくすれば二項分布（12・9）がポアソン分布（12・10）になることを示せ．

**12・5**［$\mu$ が既知の分布］ 平均計数率が 1.5 カウント/min の Th 試料がある．10 分間計数した場合のカウント数 $\nu$ の分布を推定せよ．

**12・6**［信号からバックグラウンドを差し引くこと］ シンチレーションカウンターで放射能を測定したら 10 分間で 2540 カウントであった．一方，試料を除いて測ったら 4 分間で 100 カウントであった．次の量を誤差も含めて答えよ．

(a) 1 分間当たりの信号強度　　　(b) 10 分間の信号カウント数

**12・7**［相対誤差］ ある放射性試料の壊変速度の平均は 25 カウント/min であることがわかっている．5% 以下の誤差で測定したければ何分以上測定する必要があるか．

**12・8**［細菌コロニー］ 図 12・2 の正方形の区画内（影のない部分）のコロニー数の度数分布を調べよ．区画当たりの平均値 $\mu$ はいくつか．

# 13 カイ二乗検定

データあるいは解析結果の評価に使う.

## 13・1 カイ二乗検定とは
### 13・1・1 カイ二乗検定を俗な言葉で

俗な,そして雑な表現をすれば,**カイ二乗** (chi squared) とは理想と現実との違いが想定の範囲内か否かの指標であり,**検定** (test) とはもともと無茶な理想を抱いていたか,堅実な理想が描けたかを判断することである.

この二者択一的な表現に科学的な意味合いをもたせたのがカイ二乗検定である.そこで次のように対応づけを行う.

理　想 ⇒ 期待値あるいは仮説, $E_i$
現　実 ⇒ 測定値, $O_i$
想　定 ⇒ 誤差, $\sigma_i$
違　い ⇒ カイ二乗, $\chi^2$
夢実現度 ⇒ 確率, $\mathcal{P}$

さて $\chi^2$ の具体的な形は次のとおりである.

$$\chi^2 = \sum_{i=1}^{n} \frac{(O_i - E_i)^2}{\sigma_i^2} \tag{13・1}$$

ここで $n$ はデータの数である.この形は,たとえば,式(7・16)あるいは式(11・11)を想起させるので,違和感を感じることはなかろう. $\chi^2$ の値は大雑把に言って,

$$\chi^2 \sim 1 \tag{13・2}$$

であり,ここまでは叶ったがあそこまでは無理だったとでもいうような,いわば月並みな理想である.

式(13・1)に夢実現スケールをあてはめるという視点で見れば, $\chi^2 \approx 0$ は"堅実な理想が描けて絶対に実現する"ことに対応し,スケールを100%とする.逆に $\chi^2 \gg n$ と十分大きい値であれば"無茶な理想なので実現することはありえない"ことになってスケールを0%とする.そして $\mathcal{P}$ はこれら両極端の間のどこかに当てはまる〔$\mathcal{P}$ の定義

については,付録の式(B・13),式(B・14)参照]. そして $\mathcal{P} \approx 0$ であれば "そんな夢は捨てなさい" と検定結果を結論づける.

### 13・1・2 仮説としての回帰直線

**仮説**を検証することが検定の意味である. ここでいう仮説とは "理論モデルが正しい" である.

式(11・11)がデータフィッティングの式であったから,図13・1を例にとって説明しよう. 図13・1(a)は測定点の誤差が小さく,図13・1(b)はその逆である. 点の位置は同一なので回帰直線(破線)は同一である.

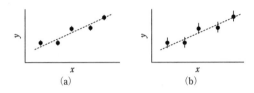

**図13・1** 回帰直線. (a) 誤差の小さい測定点, (b) 誤差の大きい測定点.

ここでの仮説は "直線 $y=ax+b$ でフィッティングできること" である. パラメーターの $a$ と $b$ は,式(11・11)の最小条件,つまり,回帰直線と測定点の距離の二乗和

$$\chi^2 = \sum_{i=1}^n \frac{(ax_i + b - y_i)^2}{\sigma_i^2} \qquad (13・3)$$

がパラメーター $a$ と $b$ について最小であるという条件から導出される.

§11・2・3aでも述べたように,図11・2のデータ点 $(x_i, y_i)$ を中心とする釣鐘は,回帰直線上の点 $(x_i, ax_i+b)$ を中心とする釣鐘に置き換えても確率の大きさは変わらない. このことは, $ax_i+b-y_i$ を§3・2で導入した確率変数とみなしてよいこと,つまり,

$$ax_i + b - y_i = \delta y \qquad (13・4)$$

とおけることを意味している. つまり,別の測定をすれば回帰直線とデータ点の関係はランダムに変わるが,回帰直線と測定点とのずれの二乗平均は $\overline{(\delta y)^2} = \sigma_y^2$ である. よって,

$$\chi^2 = n \frac{\sigma_y^2}{\sigma^2} \qquad (13・5)$$

と表すことができる. ここでデータ点の誤差 $\sigma_i$ を一定値 $\sigma$ とした.

また,式(13・4)の両辺の平均を取れば,

$$\overline{ax_i + b - y_i} = \overline{ax_i + b} - \bar{y}_i = 0 \qquad (13・6)$$

が成り立つ. この式の意味は,回帰直線が重心を通ることと同等である (§11・2・3b

参照).

### 13・1・3　データフィッティングにおけるカイ二乗

データフィッティングで用いた仮説を検証しよう．まず，式(13・5)の分母の $\sigma^2$ は，図 13・1(a) のように小さい値を取れればデータ点の誤差範囲を超えて回帰直線が通ることになるから，仮説が嘘っぽいことになる．むしろ曲線の方がよいのかもしれない．このことを確率の言葉で言い換えれば，仮説が真である確率 ア は小さい．そしてこのとき，$\chi^2$ の値は大きい．

次に式(13・5)の分子の $\sigma_y^2$ についていえば，この値が小さいほどデータ点の近くを回帰直線が通ることになって仮説がもっともらしい．つまり，この仮説が真である確率 ア は大きい．そしてこのとき，$\chi^2$ の値は小さい．

これらをまとめると，$\chi^2$ の値が小さいほど仮説が真である確率 ア は大きい．逆に，ア が小さければ仮説は嘘っぽいことになる．これが検定の論理であり，§13・2でさらに議論を深めよう．

データの個数 $n$ はどうであろうか．以上の議論では，暗黙のうちに $n$ が一定であるとしたが，$\sigma$ も $\sigma_y$ も回帰直線も変わらずに $n$ のみがたとえば2倍になれば，$\chi^2$ も2倍になる．しかし，回帰直線とデータ点との関係性は変わらないから，$n$ が一定のままで $\chi^2$ が2倍になるのとは区別すべきである．このことは，式(13・5)は $\chi^2$ を $n$ で割って考える方が賢明であることを示唆している．実際には $n$ でなく，**自由度** $d$ (degree of freedom)

$$d = n - c \tag{13・7}$$

を用いる．$c$ は**制約条件**（constraint）の数であり，$E_i$ を計算するのに用いたパラメーターの数に等しい．データから $a$ と $b$ を算出してデータフィッティングをするのであれば $c=2$ である．ただし，$a$ と $b$ がすでにわかっているものとしてデータフィッティングをすれば $c=0$ である．そして，

$$\tilde{\chi}^2 = \frac{\chi^2}{d} \tag{13・8}$$

でもって**換算カイ二乗**（reduced chi squared）を定義する*．

### 13・1・4　観測された分布におけるカイ二乗

仮説の対象はフィッティングの評価に限定されない．式(13・3)のインデックス $i$ は，ヒストグラムの仕分箱の番号でもかまわない．この場合，観測された分布が理想的なモデル分布と矛盾しないかを検証することになる．用いるべき式は，

---

\* 換算とは，力学の換算質量と同じで，そう変形することにより問題が簡単になる，という意味である．

## 13・1 カイ二乗検定とは

$$\tilde{\chi}^2 = \frac{1}{d}\sum_{i=1}^{n}\frac{(O_i - E_i)^2}{\sigma_i^2} \qquad (13・9)$$

である．$i$ は仕分箱の番号，$O_i$ は**観測度数**，$E_i$ は**期待度数**（理想的な分布のもとで $i$ 番目の仕分箱に期待される度数）である．なお，式(13・6)と同様の関係

$$\overline{O_i - E_i} = \overline{O_i} - \overline{E_i} = 0 \qquad (13・10)$$

つまり，

$$\sum_{i=1}^{n} O_i = \sum_{i=1}^{n} E_i \qquad (13・11)$$

が成り立たねばならない．

この条件があることで制約条件の数が一つ増える．$E_i$ が二項分布に従えば $c=1$ であるが，ポアソン分布に従うのであれば平均値 $\mu$ が加わるから $c=2$ となる．もし正規分布に従うとすれば，$\mu$ と $\sigma$ が固定されるので $c=3$ になる．結局，$d$ は $n-1$ と $n-3$ の範囲内になる．$n \geq 4$ でなければカイ二乗は無意味である（参考文献1の p.270 参照）．

**a. $\sigma_i^2$ を見積もること**　式(13・9)の $\sigma_i^2$ は仕分箱の結果の不確かさ，つまり誤差を表すが，この大きさを次のようにして見積もることができる．仕分箱の値が決まる過程を図13・2のようなパルス計測にたとえるのである．図の信号源は高さが4種類のパルスを発生する．パルス1は最も背の低いパルス，パルス4は背の最も高いパルスである．各パルスの出現確率は期待値 $E_i$ に比例するが，有限のサイクル（図では3サイクル）ではこの比に従うとは限らない．つまり，信号源はランダム変数の一種である．

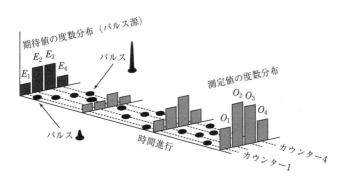

図13・2　度数分布をパルスの計数にたとえる

これら4種類のパルスを計数し，結果を $O_1 \sim O_4$ とする．おのおのの値は時間経過とともに増え，そして相対比は形を変える．実際に観測できた値は最後のサイクルが終わったときの $O_1 \sim O_4$ である．

これは一種の思考実験であるが，この簡単なモデルから次のことがわかる．

(i) 各カウンターが観測するパルスの時系列データはポアソン分布に従う．

(ⅱ) $O_i$ は観測度数（整数）であるが，期待値の $E_i$ は相対値がわかってさえいれば式(13・11)を満足するように調整できる．

ポアソン分布に従うのであればカウント数の平方根が不確かさ（標準偏差）である．ここで問題になるのが，平方根を取るのは観測値と期待値のどちらとすべきかであるが，"理想"とする分布の平方根を取るべきである．"現実"の分布にはぶれがあるので，極端な場合，平方根の値がゼロになって不合理が生じることもある．

上で述べたように，この"理想"とする期待値 $E_i$ は式(13・11)を満足するように調整せねばならない．そのためには次のように定数 $\kappa$ をかける．

$$E_i \Rightarrow \kappa E_i$$

$$\kappa = \frac{E_i}{\sum_{i=1}^{n} E_i} \sum_{i=1}^{n} O_i$$

これらのカウント数 $E_i$ の平方根が不確かさ（標準偏差）であるから式(13・9)は，

$$\tilde{\chi}^2 = \frac{1}{d} \sum_{i=1}^{n} \frac{(O_i - E_i)^2}{E_i} \tag{13・12}$$

とすることができる．

なお，すべての仕分箱について $E_i \geq 5$ でないと結果に信頼が置けない（参考文献1のp.269参照）．確かに分母の $E_i$ が小さい項があれば式(13・12)が必要以上に大きな値を取る可能性がある．度数の少ない仕分箱があれば，いくつかの仕分箱を束ねて一つの仕分箱にすべきである．

最後に，ここで取上げた思考実験について一言コメントしておきたい．ポアソン分布を用いたので仕分箱間の度数分布もポアソン分布でなければならないと誤解してはいけない．誤差が $\sqrt{E_i}$ であることを説明するためにポアソン分布を用いたのであって，各カウンター間のデータはどのような統計に従ってもよい．たとえば，あとで取上げる例2では，度数分布がメンデルの法則に従うとしてカイ二乗を計算している．また，演習問題13・6では，度数分布にはお構いなしに $E_i$ と $O_i$ が一致するかを問題にする．

[**例1**] 10個の仕分箱を5個に束ねる作業を細菌コロニーの分布データ（図12・2を整理して得られた表A・2）に即して説明しよう．平均値 $\mu=4.03$ のポアソン分布に従う

表13・1 細菌コロニーの分布

| 箱番号 $i$ | 1 | 2 | 3 | 4 | 5 |
|---|---|---|---|---|---|
| 個　数 | 0, 1, 2 | 3 | 4 | 5 | 6〜9 |
| 観測度数 $O_i$ | 5 | 7 | 10 | 5 | 5 |
| 期待度数 $E_i$ | 7.47 | 6.20 | 6.25 | 5.04 | 7.03 |

として期待度数を追加したのが表13・1である.制約条件の数 $c=2$ であるから自由度は $d=3$ である.式(13・12)を計算すれば,

$$\tilde{\chi}^2 \approx 1.25$$

と見積もられる.

## 13・2 カイ二乗の確率
### 13・2・1 仮説の検定

ここでいう仮説は"統計モデルが成り立つ"である.そして,そのモデルから導かれる理論度数分布と実際の度数分布を比較して,その統計モデルが正しいと判断されれば仮説を認めてよいことになる.逆に,誤りと判断されれば仮説は棄却されることになる.後者のタイプの仮説は**帰無仮説**とよばれる.実際には100%正しいとか100%間違いということはなく,たとえば95%確信をもって,つまり5%の**有意水準**で判断することになる.

カイ二乗の値が小さいほど確率 $\mathcal{P}$ が大きいことを定量的に $\mathcal{P}(\tilde{\chi}^2 > \tilde{\chi}_0^2 | d)$ で表すことにする.$\tilde{\chi}_0^2$ は観測された (observed) カイ二乗,つまり調べたいカイ二乗である.不等号の向きは,試行を繰返して得られる $\chi^2$ が $\tilde{\chi}_0^2$ を"超える"という意味であるが,具体的には確率分布のグラフで $\tilde{\chi}_0^2$ から左側の面積に対応する〔式(B・14)参照〕.ちなみに不等号の向きを逆にすれば確率は $\mathcal{P}(\tilde{\chi}^2 < \tilde{\chi}_0^2 | d) = 1 - \mathcal{P}(\tilde{\chi}^2 > \tilde{\chi}_0^2 | d)$ となる.

$\mathcal{P}(\tilde{\chi}^2 > \tilde{\chi}_0^2 | d)$ が大きいということは,$\tilde{\chi}_0^2$ が小さいからそれを超える事象の起こる確率が大きいということである.よって,満足すべきデータが得られたと判断できる.逆の場合は,まれにしか起こらない事象なのでそのデータを受け入れることは危ういといえる.すなわち,確率 $\mathcal{P}(\tilde{\chi}^2 > \tilde{\chi}_0^2 | d)$ の値が小さければ仮説を棄却せねばならない.

実際には,付録の式(B・13)あるいは式(B・14)でもって $\mathcal{P}(\tilde{\chi}^2 > \tilde{\chi}_0^2 | d)$ を定量化する.通常,$\mathcal{P}(\tilde{\chi}^2 > \tilde{\chi}_0^2 | d) \leq 5\%$ なら観測値と期待値の不一致は有意 (significant) であるといい,期待された度数分布(つまり仮説)を5%の有意水準で棄却することになる.もし1%以下なら仮説と観測との不一致は高度に有意 (highly significant) であるといい,1%の有意水準で棄却するという.表13・1で得られた $\tilde{\chi}_0^2 \approx 1.25$ についていえば $\mathcal{P}(\tilde{\chi}^2 > \tilde{\chi}_0^2 | d) = 17\%$ であるから,ポアソン分布に従うという仮説を受け入れることになる.

### 13・2・2 $\mathcal{P}(\tilde{\chi}^2 > \tilde{\chi}_0^2 | d)$ のデータ

$\mathcal{P}(\tilde{\chi}^2 > \tilde{\chi}_0^2 | d)$ の値は,ほとんどすべての統計学のテキストに表として掲載されている.ただし,それらを参照するにあたって注意点がある.

(ⅰ) $\mathcal{P}(\tilde{\chi}^2 > \tilde{\chi}_0^2 | d)$ か,余事象についての $\mathcal{P}(\tilde{\chi}^2 < \tilde{\chi}_0^2 | d)$ か?
(ⅱ) 換算カイ二乗かカイ二乗そのままか?

さて、図 13・3 は $\mathcal{P}(\tilde{\chi}^2 > \tilde{\chi}_0^2 | d)$ のグラフであり、式(B・13)を数値積分したものである*。演習問題でも Excel にこの計算式を組込んで答えを出している（巻末参照）。

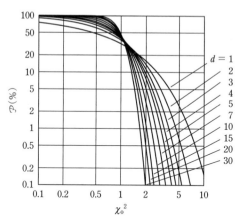

**図 13・3** $\mathcal{P}(\tilde{\chi}^2 > \tilde{\chi}_0^2 | d)$ のグラフ

自由度 $d$ が大きくなるほど棄却の基準となる $\tilde{\chi}_0^2$ が小さいことがわかる。言い換えれば、自由度が大きいほど判断基準は厳しい。

式(B・13)の代表的な値を抜き出したものが表 13・2 である。もっと詳しいデータは他書（参考文献 1）を参照されたい。

**表 13・2** $\mathcal{P}(\tilde{\chi}^2 > \tilde{\chi}_0^2 | d)$ の値（%）

| $d$ | \multicolumn{7}{c}{$\tilde{\chi}_0^2$} |
|---|---|---|---|---|---|---|---|
|  | 0 | 0.5 | 1.0 | 2.0 | 3.0 | 4.0 | 5.0 |
| 2 | 100 | 61 | 37 | 14 | 5.0 | 1.8 | 0.7 |
| 3 | 100 | 68 | 39 | 11 | 2.9 | 0.7 | 0.2 |
| 5 | 100 | 78 | 42 | 7.5 | 1.0 | 0.1 |  |
| 10 | 100 | 89 | 44 | 2.9 | 0.1 |  |  |
| 20 | 100 | 96 | 46 | 0.5 |  |  |  |

次に $\mathcal{P}(\tilde{\chi}^2 > \tilde{\chi}_0^2 | d) \approx 5\%$ となる $\tilde{\chi}_0^2$ と $d$ の組を拾いだして表 13・3 にまとめた。同じ

**表 13・3** $\mathcal{P}(\tilde{\chi}^2 > \tilde{\chi}_0^2 | d) = 5\%$ となる $d$ と $\tilde{\chi}_0^2$ の組合わせ

| $d$ | 2 | 3 | 5 | 7 | 10 | 20 |
|---|---|---|---|---|---|---|
| $\tilde{\chi}_0^2$ | 3.0 | 2.6 | 2.2 | 2.0 | 1.8 | 1.6 |

---

\* シンプソンの公式を利用。なお無限大までの積分の処理は、式(B・14)より式(B・13)の方が楽である。

$d$ であれば，この表の $\tilde{\chi}_0^2$ 値を超える結果が得られたら 5% の有意水準で棄却する．

[例2] メンデルの法則が成り立つという仮説を検定しよう．花の品種改良実験で4種類 ($a=120$, $b=43$, $c=36$, $d=13$) が得られた．メンデルの法則によれば $a:b:c:d=9:3:3:1$ になるという．はたしてこの実験結果はメンデルの法則に従っているのであろうか．

まず実験結果を表 13・4 のように整理しよう．$E_i$ が計算値であることが一目瞭然と理解できるように小数点以下まで出しているが，実際は四捨五入して構わない．制約条件の数は $c=1$，自由度は $d=3$ である（三つの理論度数が決まれば四つ目は自動的に決まる）．式 (13・12) を計算すると $\tilde{\chi}_0^2 = 0.64$ である．$\mathcal{P}(\tilde{\chi}^2 > \tilde{\chi}_0^2 | d) = 58.9\%$ であるから，メンデルの法則が成り立つという仮説は受け入れてよい．

表 13・4 花の品種改良実験

| 箱番号 $i$ | 1 | 2 | 3 | 4 | 合 計 |
|---|---|---|---|---|---|
| 観測度数 $O_i$ | 120 | 48 | 36 | 13 | 217 |
| 期待度数 $E_i$ | 122.1 | 40.7 | 40.7 | 13.6 | 217.1 |

### 13・2・3 カイ二乗検定の展開

ここで取上げた検定では，期待度数が何らかの理論的定量モデルに従うことを前提としてきた．理工学の分野では至極当然な発想であるが，人間の行動が絡む分野では定性的なモデルしか構築できないことがある．そのような場合には分割表を用いて解析することになるが，詳しいことは一般的な統計学の教科書を参照されたい．

これまでの方法論で解ける簡単な問題として，例 3 のように $1 \sim n$ の度数分布を考慮する必要のない問題をあげることができる．

[例3] ある薬物が風邪に効果があるかを検証するために栄養サプリメントをプラセボ (placebo, 偽薬) として投与して表 13・5 の結果を得た．その薬物とサプリメントの効き具合が同じであるという仮説を検定せよ．

表 13・5 薬とプラセボ

| | 治った | 悪くなった | 効果がなかった | 合計 |
|---|---|---|---|---|
| 薬 物 | 52 | 10 | 20 | 82 |
| サプリメント | 44 | 12 | 26 | 82 |
| 期待数 | | | | 82 |

この仮説に従えば，理論度数は薬物とサプリメントの被験者数の単純平均になるから，期待度数の欄には左から順に 48, 11, 23 が入る．制約条件はないので $c=0$，自由度は仕分箱の数に等しく $d=3$ である．ただし和は薬物とサプリメントにわたって行う．

ここで式 (13・12) を計算すると $\tilde{\chi}_0^2 = 0.54$ である．$\mathcal{P}(\tilde{\chi}^2 > \tilde{\chi}_0^2 | d) = 65.5\%$ であるから，薬物とサプリメントが同じ効き具合であるという仮説は受け入れてよい．すなわち，この薬物は風邪薬にならない．

### 演習問題

**13・1** [表計算でコイントス] 図 8・9 の続きである．コイン 3 枚をトスして $x=0 \sim 3$ の出現頻度を調べる実験を 80 回行って表 13・6 の結果が得られた．
(a) $E_i$ が 3 次の二項分布に従うとして表の期待度数の欄を埋めよ．
(b) $\tilde{\chi}_0^2$ の値を求めよ．
(c) $\mathcal{P}(\tilde{\chi}^2 > \tilde{\chi}_0^2 | d)$ の値を求めよ．

表 13・6　コイン 3 枚のトス

| $x_i$ | 0 | 1 | 2 | 3 |
|---|---|---|---|---|
| $O_i$ | 10 | 28 | 33 | 9 |
| $E_i$ | | | | |

**13・2** [表計算でコイントス] 別の実験では 100 回行って表 13・7 の結果が得られた．$\mathcal{P}(\tilde{\chi}^2 > \tilde{\chi}_0^2 | d)$ の値を求めよ．

表 13・7　コイン 3 枚のトス

| $x_i$ | 0 | 1 | 2 | 3 |
|---|---|---|---|---|
| $O_i$ | 13 | 44 | 34 | 9 |
| $E_i$ | | | | |

**13・3** [表計算でコイントス] 前問 13・1 の $E_i$ をパーセント表示にすることを考えた．そしてすべての $O_i$ に 1.25 をかける．$\tilde{\chi}_0^2$ の正しい値は得られるであろうか．

**13・4** [細菌コロニー] 図 12・2 の度数分布を別のシャーレで行って表 13・8 の結果が得られた．ポアソン分布に従うという仮説を検定せよ．

表 13・8　細菌コロニーの分布

| 個数 | 0 | 1 | 2 | 3 | 4 | 5 | 6 | 7 | 8 | 9 |
|---|---|---|---|---|---|---|---|---|---|---|
| 度数 | 0 | 0 | 2 | 1 | 8 | 10 | 7 | 1 | 2 | 1 |

**13・5** [メンデルの法則] ある花の遺伝的性質は 3:2:2:1 の割合で 4 種類に分かれるといわれている．今，この性質がそれぞれ 228 例，170 例，148 例，83 例発現した．

この結果がメンデルの法則に従うという仮説を検定せよ.

**13・6**［男女比］ ある映画館で同じ映画の入場者数は表13・9のとおりであった. 観客が男女同数であるという仮説を検定せよ.

表13・9 観客数

| | | | | | | |
|---|---|---|---|---|---|---|
| 男 | 710 | 520 | 590 | 550 | 810 | 1090 |
| 女 | 650 | 480 | 510 | 600 | 760 | 980 |

**13・7**［サイコロの比較］ 二つのサイコロについて目の出方を調べたら表13・10のとおりであった*. 目の出方はどれも同じであるという仮説をそれぞれのサイコロについて検定せよ.

表13・10 二つのサイコロ

| サイコロの目 | 1 | 2 | 3 | 4 | 5 | 6 | 計 |
|---|---|---|---|---|---|---|---|
| 一般市販品 | 151 | 142 | 164 | 171 | 192 | 180 | 1000 |
| 特製高級品 | 170 | 169 | 171 | 163 | 164 | 163 | 1000 |

---

\* テレビ東京"所さんのそこんトコロ"2016年4月22日放映.

# 14 ベイズの統計学

従来型の確率概念を補完するのがベイズ流の確率概念であるが，実は古くからある．

## 14・1 ベイズの主観的確率

英国の統計学者トーマス・ベイズ（Thomas Bayes, 1702～1761）が導入した**逆確率**は**主観的確率**ともよばれ，通常の確率（**直接確率**という）といささか趣を異にする．後者は，ある結果が起こる頻度を実験によって求める．それができなければ，思考実験によって計算する．その際，**等確率の原理**，つまり条件が同じであれば同じ頻度で実現するという原理が重要な役割を果たす．たとえば，サイコロを振れば1～6の目を特に区別する理由はないのでおのおのの目が出る確率は 1/6 である．

直接確率はサンプリングを通しても知ることができる．たとえば，絶対温度 $T$ の気体中の分子を一つ取出して運動状態を調べるとエネルギー $E$ をもっている確率がボルツマン因子 $\exp\left(-\dfrac{E}{kT}\right)$ に比例する．ここで $k$ はボルツマン定数である．これを体系化したのが統計力学である（参考文献4参照）．

それに対してベイズの統計では，過去から蓄積された経験的知識（経験知）に基づいて確率を算出する．混乱を避けるために直接確率を**確からしさ**（probability），逆確率を**もっともらしさ**（plausibility）とよぶとよいのかもしれない（参考文献14参照）．その中には未来予測もあれば原因推定もある．未来予測では現在把握できている要因を基にして未来に起こる事象を予測する．その典型が天気予報である．図14・1でいえば $A$ が経験則，$B$ が過去の類似パターンの探索，$C$ が計算機シミュレーションなど，$a$ が晴天，$b$ が曇天，$c$ が雨天である．矢印の線の太さは実現する確率を示している．

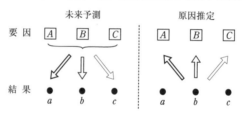

図14・1 主観的な確率

事故原因の推定でも，種々の要因と起こりうる結果が存在する．直接確率の考え方では，特定の初期条件からスタートしてそれぞれの結果に至る確率を見積もる．しかし，それらの値はたいていの場合きわめて小さいので，心配には及ばないと油断しがちである．しかし，いったん事故が起こってしまうと"想定外"という言葉で要因が網羅しきれなかったことが露呈する．人的要因（ヒューマンエラー）は排除できないが定量的評価はきわめて難しい．

一方，逆確率の立場では，すでに起こった事故を議論の中心に据える．そして，それに至った経緯を検討して要因の大小を見積もる．そして，疑わしかった要因がクロであるとわかればそこで作業は終了であるが，もしシロであれば推論を再検討して次の要因を見つける．あとで述べるベイズの公式によれば推論を定量的に行うことができる．

ところで，原因を逆確率という数値で表現することに抵抗を感じるのはもっともなことである．犯人探しを例にあげよう．事件の容疑者が甲乙丙の3人浮上したとしよう．そして，"犯人である確率は，甲が50％，乙が40％，丙が30％"と推論できたとする．そのあと決定的な証拠が見つかって，実は乙が犯人だったとなれば"あの逆確率はいったいなんだったのか"と悪口を言われかねない．

しかしながらベイズ統計の優れた点は，推論にフィードバック的な発想が取入れられる点にある．結果に基づいて"過去の経験"が更新できるのである．天気予報がはずれたら経験知を修正して，はずれの頻度を小さくすることが可能である．また，アリバイ証言が出てきて犯人が甲である確率は10％に下がるかもしれない．

サイエンスで経験知といえば，物理定数の値があげられる．ボルツマン定数を始めとしてさまざまな物理定数の標準偏差がこの1世紀の間にどんどん小さくなっていることを，ベイズ流の考え方で捉えることができる．

## 14・2 ベイズの定理
### 14・2・1 離散モデル

ベイズの考え方を理解するために次の原因確率の問題から入っていこう．この問題はベイズ統計をかなり単純化しているが，本質は捉えられている．

[例題] サイコロを振って1の目が出たら箱A，2と3の目が出たら箱B，4，5，6の目が出たら箱Cからくじを引くことができるとする．箱A，B，Cの当たり率はそれぞれ1/2，1/3，1/6である．さて，今当たりが出た．それが箱Aから出た確率はいかほどであろうか．

この問題は，化学反応をイメージするとわかりやすい．3種類の反応物がそれぞれ異なる反応経路を経て同じ生成物を生成する．今，ある混合系から出発して生成物ができた．この生成物はどの反応物に由来するのであろうか．

化学なら，各反応物の減少速度を分析すれば，その相対比が答えである．ただし，互いの反応が独立して起こること，つまり**排他的事象**であるとしておかないと話は面倒である．実際の化学反応ではしだいに速度が落ちるので初期反応に限定して考えることにする．そうすれば各反応物の減少速度は(結果に至る速度定数)×(反応物の初期濃度)で与えられる．

これらの準備をしたうえで図 14・2 のモデルを考えよう．$A \sim C$ は何種類かの玉が入った箱である．$a$ は取出した玉の種類である．白抜きの矢印はおのおのの箱から $a$ を取出す確率を表し，いわば反応生成物 $a$ に至る反応速度定数である．ここで 3 本の矢印が互いに排他的であること，たとえば，箱 $A$ から取出したくじと箱 $B$ から取出したくじがごちゃまぜにならないことが重要である．

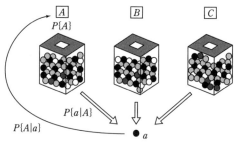

図 14・2 ベイズの定理

さて結果が $a$ であるとわかったとして，それが箱 $A$ からきた確率を $P\{A|a\}$ と表すことにしよう．その値は順方向の変化速度に比例すると考えられるから，

$$P\{A|a\} = \frac{P\{a|A\}P\{A\}}{P\{a|A\}P\{A\} + P\{a|B\}P\{B\} + P\{a|C\}P\{C\}} \tag{14・1}$$

によって計算できる．左辺の $P\{A|a\}$ は，形式上 $a$ を前提条件として $A$ が実現する一種の**条件つき確率**である．しかし，因果関係としては，"結果 $a$ を生じたのは $A$ のせい"という構造になるので**事後確率**とよばれる．これは先に述べた逆確率・主観的確率である．

それに対して $P\{k\}$ は箱 $k$ を選ぶ確率であり（$k=A, B, C$），**事前確率**とよばれる．図のモデルでは $P\{k\}$ をコントロールすること，あるいは(思考)実験で求めることが可能であるが，現実の問題では $P\{k\}$ の見積もりが容易でないこともある．最後に残った条件つき確率の $P\{a|k\}$ は直接確率なので合理的な値が得られる．式(14・1)を**ベイズの定理**あるいはベイズの公式とよぶ．

[例題の答] $P\{A\} \sim P\{C\} = 1/6, 1/3, 1/2$ であり，$P\{a|A\} \sim P\{a|C\} = 1/2, 1/3, 1/6$

であるから式(14・1)の値は,

$$P\{A|a\} = \frac{\frac{1}{2} \cdot \frac{1}{6}}{\frac{1}{2} \cdot \frac{1}{6} + \frac{1}{3} \cdot \frac{1}{3} + \frac{1}{6} \cdot \frac{1}{2}} = \frac{3}{10}$$

## 14・2・2 連続モデル

式(14・1)のポイントは,原因 $A$ から結果 $a$ が出る直接確率と,$a$ という結果が出たあとそれが $A$ によると推定する逆確率とが比例するという点にある.つまり,

$$P\{A|a\} = \frac{1}{c} P\{a|A\} P\{A\} \tag{14・2}$$

とおける.ここで係数 $c$ は,式(14・2)をすべての可能な原因について和を取ることによって,

$$c = P\{a|A\}P\{A\} + P\{a|B\}P\{B\} + P\{a|C\}P\{C\} \tag{14・3}$$

と決まる.

この論法は,パラメーターが連続的に分布するモデルを考える際に便利である.そこで $P$ の代わりに確率分布関数 $p$ を導入して,

$$p(\boldsymbol{\theta}|y) = \frac{1}{c} f(y|\boldsymbol{\theta}) p_0(\boldsymbol{\theta}) \tag{14・4}$$

と置くことができる.$\boldsymbol{\theta}$ は原因のランダム変数,$y$ は結果のランダム変数である.ランダム変数は複数の成分をもっていてもよい.なお,$f(y|\boldsymbol{\theta})$ を**尤度関数** (likelyhood function) ということがある.係数 $c$ は,

$$c = \int f(y|\boldsymbol{\theta}) p_0(\boldsymbol{\theta}) \, d\boldsymbol{\theta} \tag{14・5}$$

で決まる.

図 14・2 に対応させれば,$\boldsymbol{\theta}$ は $A, B, C$ をランダムに取る.$y$ も $a, b, c$ をランダムに取りうるが,結果としてはどれかの値に確定する.

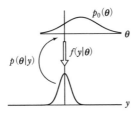

図 14・3　連続分布に対するベイズの定理

## 14・3　事前確率のアップデート

　Berendsen（参考文献2参照）は，物理定数がどのような考え方で更新されるかをアボガドロ定数 $N_A$ を例にとって説明している．ここでは図14・3の連続モデルに準拠して説明しよう．まず，アボガドロ定数は §3・1・2 で例示したように20世紀初めから多数の研究者によって"測定"がなされてきたことを確認しておきたい．しかし，この測定は，あるモノについて直接計測したのではなく，物理法則に基づいて間接的に算出されてきた．たとえば1906年にはコロイド粒子の拡散から $6.09\times10^{23}$（誤差5％）と求められている（参考文献6の p.51 参照）．そのほかにも多くの研究者がさまざまな方法で $N_A$ を報告してきている．それらの結果が正規分布 $G_{\mu_0,\sigma_0}(N_A)$ として整理され，国際的にも受け入れられている．いわば，誤差 $\sigma_0$ は経験知の深さの指標である．この正規分布が $p_0(\boldsymbol{\theta})$ に相当する．

　さて今回，ある研究者が異なる値の組 $(\mu_1, \sigma_1)$ を報告した．過去のデータとの平均を取るという考え方（頻度主義）を採用するならば，誤差をもったデータの加重平均（§5・3・2 あるいは §7・3）の考え方に従ってアップデートする．そして，$w_0=1/\sigma_0^2$ がそれまでのデータの重み，$w_1=1/\sigma_1^2$ が今回のデータの重みである．

　それに対してベイズ流の考え方によれば，この研究者が行った作業は，$\boldsymbol{\theta}$ と $y$ の関係 $f(y|\boldsymbol{\theta})$ を報告したということである．そして，$p_0$ がそれまで受け入れられていた確率分布，$p(\boldsymbol{\theta}|y)$ が今回の報告と矛盾しない新たな確率分布である．$p(\boldsymbol{\theta}|y)$ の具体的な表現は $G_{N_A,\sigma_1}(\mu_1)$ であるから，式(14・4)を計算すると，

$$p(\boldsymbol{\theta}|y) \propto \exp\left[-\frac{(\mu_1-N_A)^2}{2\sigma_1^2}\right]\exp\left[-\frac{(N_A-\mu_0)^2}{2\sigma_0^2}\right] = \exp\left[-\frac{(N_A-\mu)^2}{2\sigma^2}\right] \quad (14\cdot6)$$

の形に整理できる．アップデートされた二つのパラメーター $\mu$ と $\sigma$ は頻度主義で得られるものと一致する（演習問題14・4）．

### 演習問題

**14・1**［病理検査］　これは原因の確率と同種の問題である．検査結果をみて病気に罹患している人を早期に発見したい．さて，検査対象は患者 $A$ が1％，健常者 $B$ が96％，患者ではないが体調の悪い人 $C$ が3％である．一方，$A$ を陽性として正しく発見する確率は97％であるが，$B$ を誤って陽性とする確率は5％，$C$ を誤って陽性とする確率は10％であるとわかっている．さて，陽性との検査結果が出たとして，その人が本当に病気である確率はどれだけか．

**14・2**［うその中の真実］　太郎と花子がいる．太郎は10回に1回嘘をつくことが経験的にわかっている．そして太郎が言うには"100本に1本の当たりのあるくじを花子が当てるのを見た！"と．さて，本当に花子がくじを当てた確率はどれだけか．

**14・3**［返って来ないメール］　（たとえば通信トラブルのために）電子メールが相手

の端末に届かない確率を $p$，相手がメールを受け取っても返事を出さない確率を $q$ とする．さて，相手から返事がいまだに来ない．
(a) 返事が来ないのはどういう場合か．$p$ と $q$ で表される過程を列挙し，それぞれの確率を求めよ．
(b) 相手に届いていないから返事が来ない確率を答えよ．

**14・4**［物理定数のアップデート］ 下記の(a), (b)に答えよ．
(a) 式(14・6)の $\mu$ と $\sigma$ を具体的に書き表せ．
(b) それらが頻度主義でも得られること，つまり平均値と標準偏差がそれぞれ $(\mu_0, \sigma_0)$ と $(\mu_1, \sigma_1)$ の二つの分布について加重平均を取れば同じ $\mu$ と $\sigma$ が得られることを示せ．

**14・5**［もっともらしさのアップデート］ コインをトスして裏が出ればA君，表が出ればB君がコンパの買い出しに行くことになった．しかし，コイントスをするA君はマジック狂との噂があるので，本物のコインを使う確率と両面が裏のトリック用コインを使う確率は $\frac{1}{2}$（五分五分）である．さて，実際にコイントスをしたら案の定，裏が出た．このコインがトリック用である確率はいくつになるか（参考文献14にある例である．もし表が出れば，もちろんこの確率は0%である）．

# 演習問題の解答

## 1. 表計算ソフトの活用

**1・1** ［フィルハンドル］ B9 セルの計算式は，
=A8*($B$1+2-A9)*(A9-1)/($B$1*(A9-2)) で値は 0.015773

**1・2** ［フィルハンドル］ まず，先頭の A4 セルにカーソルを移して初期値 2 をキーボードから入力する．次にカーソルを下に移動させて A5 セルに 3 を入力する．最後に，A4 セルと A5 セルをマウスポインターでひとまとめに選び，現れたファイルハンドルを下方に引きずる．

**1・3** ［エラーメッセージ］ (a) =SQRT(…) は…の平方根を返す．
(b) #VALUE! が出たのは数字として認識できない"百"が…に入ったから．
(c) #NUM! が出たのは負数が…に入ったため．
(d) B2 セルの内容を =EXP(A2) に変えると B4 セルは正常な値 $e^{-100}$，つまり，3.72E-44 が表示される．

**1・4** ［放物線の面積］ 図 A・1 のとおり．$(n, S)$ を表示してから軸の書式を変更したが，最初から $(\log n, S)$ のグラフを描いてもよい．真の値は $\frac{2}{3}$=0.66667 である．

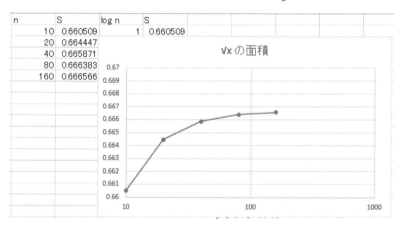

図 A・1　放物線の面積

**1・5** ［book 形式］ Excel が独自の方式で情報をコード化したのが xlsx 形式のファイルである．たとえファイルの中身が表示できたとしても情報との対応は読み取れない．その意味で暗号と似ている．

**1・6** ［csv 形式］ 引用符をつけて "100, 200" とする．

**1・7** ［拡張子］ エクスプローラー (Explorer) の初期設定では拡張子を表示しない

ので myfile.txt.xlsx が真のファイル名であればこのようなことが起こる.

1・8［テキストファイルの読み込み］ csv タイプはクリックで読み込めるが, txt タイプは"ファイルを開く"メニューで項目間の区切りがコンマであることを指定して読み込む.

1・9［数の限界］ $n=170$ まで正常に計算が進み, $170!=7.2574\mathrm{E}+306$ である. 306 を2進数で表せば10桁である. 符号も考慮すれば11桁になるから倍精度実数であろうと推定できる.

## 2. 量 と 計 測

2・1［物理量］ 物理量でないもの：(b) 反応性, (d) 能力, (e) イオン化傾向.

2・2［物理量の表現形態］ (a) 単位が欠落. (c) 変数の文字が立体. (d) マニュスクリプト体の $l$ は印刷物に用いない.

2・3［物理量の表現形態］ (b) /を重ねるのは好ましくない. (d) 非SI単位系なので学術論文には使うべきでない（便利な単位ではある）. (e) 非SI単位系なので学術論文には使うべきでない.

2・4［アルキメデスのユレイカ］ (a) 相対測定. (b) 物体と錘の質量をそれぞれ $M$ と $m$, 体積を $V_1$ と $V_2$ とすると $M-\rho_0 V_2+m=M-\rho_0 V_1$ が成り立つ. $\rho_0$, $\rho_1$, $\rho_2$ をそれぞれ水, 物体1, 物体2の密度とすれば密度比は,

$$\frac{\rho_2}{\rho_1} = 1 - \frac{m}{\rho_0 V_2}$$

2・5［モデルの問題］ いずれの場合も身につける衣類は最小にすることが必要. (a) と(b)は同じ条件下で測ること（たとえば起床後ただちに）. (c)では精度のよい計測が望ましい（通常の体重計は精度が50 g）.

2・6［定義の問題］ 例をあげると, (a) 雲量の定義が新たに必要. (b) 木製で太さ7.0 mm が現在の標準. それを見直すのであれば, 可変範囲と分解能を検討せねばならない. (c) 実現できるかどうかはさておき, 歩く経路が明確でないので再現性の点で疑問あり. またフラクタル性*の点でも検討が必要.

2・7［定義の問題］ たとえば, (案1) 黒い部分の図形の重心を中心とし, 図形の面積が $\pi r^2$ に等しいとおく. (案2) 白と黒の境目（輪郭）の曲線を求め, 曲線と円で囲まれた面積を最小とする円の半径を $r$ とする.

2・8［定義の問題］ (a) ミシン目の中心間の距離でもって定義できる. (b) ミシン目の裂け目のどこをもって端とするかを検討せねばならない. (c) 切れ目のバリがあるのは(b)と同じ.

2・9［定義の問題］ 図 A・2 を参考にしてたとえば,

---

\* 歩いた場所の空間配置を $\frac{1}{n}$ に縮小すると, 歩いた経路の長さは $\frac{1}{n^\alpha}$ になる. $\alpha>1$ である. 縮小するに従って細かいギザギザが滑らかになるからである.

(a) 周囲の長さを $\pi d$ に等しいとおく．布製巻尺使用．
(b) 断面の形状を写し取る．針金使用．それをデジカメで撮ってパソコン処理．
　(b-1) 外接円の直径を $d$ とする．
　(b-2) 断面積が $\frac{\pi}{4}d^2$ に等しいとおく．
　(b-3) 重心からの距離の平均値を $d$ とする．
(c) 直径を何箇所かで求めて平均する．図の特製スライド式計測器を使用．

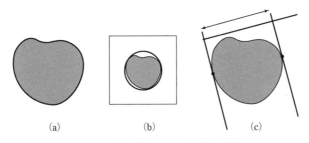

図 A・2　幹の直径 $d$ のさまざまな定義

## 3. 誤　　差

**3・1**［原子時計］　$\nu_0 = 9.2 \times 10^{10}$ Hz を代入して，$\Delta t = 0.017$ s $\approx 0.02$ s．

**3・2**［物差しで測る］　mm 単位で考えると $300 \div \frac{1}{5} = 1500 = 2^{10.55075}$ であるから 10.6 ビットに相当する．あるいは 11 ビット以上でないと表現できないと答えてもよい．

**3・3**［何で測る？］　$42195 \div 1 = 2^{15.36478}$ であるから約 15.4 ビットに相当する．ただし，規程によれば距離精度は $\frac{+0\%}{-0.1\%}$ である．

**3・4**［物差しで測る］　まず，目盛線の幅が目盛間隔の 1 mm の 1/10 程度であること，そしてクリップの左端が物差しのゼロ目盛の場所にあることを確認する．27 mm と 28 mm の間にあって，その間を 2 分割すれば後半とまでは読み取れる．この時点で $27.5 < \bar{l} - \delta l$, $\bar{l} + \delta l < 28.0$ である．この範囲は 27.6〜27.8 まで狭められるので，$l = 27.7 \pm 0.1$ mm あるいは $\pm 0.15$ mm が妥当であろう．

**3・5**［副尺を読む］　まず副尺の原点が 2 mm よりわずかに左にあることを確認する．つぎに主尺と副尺の目盛のずれを調べる．ぴったり合う位置は 20 分割したうちの 19 番目であるから副尺が示す値は $\frac{1}{20} \times 19 = 0.95$ mm になる．次の一致点は $\frac{1}{20}$ mm ずれたところだから誤差は $\frac{1}{40}$ mm と判断できる．よって $d = 1.95 \pm 0.03$ mm が妥当であろう．

**3・6**［テスターを読む］　$R = 6.5 \pm 0.1$ Ω，あるいは $6.45 \pm 0.05$ Ω

**3・7**［繰返し測定］　同一人物が定規とコインをしっかり押さえて対象となる位置を読み取れば（たとえば声に出して読み上げれば），"同じ"値が繰返されるのは至極当然である．しかしここでの"同じ"は 3 桁の一致である．4 桁目以降については読み取れ

ない．ということは，そこに不確かさが存在することを意味する．言い換えれば，平均値は 1.95 cm であっても，誤差はゼロではない．

**3・8** ［公称値］ （一例）一般論で言えば "公称○○" で表現される量（official value, nominal value）は必ずしも実測値ではない．流通させる際の標準値であると考えるべきである．もちろん真の値という意味はない．そもそも紙であるから温度や湿度で伸び縮みするはずである．

**3・9** ［誤差と定数を含む計算 1］ (b) が正しい．誤差を含まない定数にまで誤差を割り振るのは行き過ぎ．

**3・10** ［誤差と定数を含む計算 2］ (c) が正しい．同程度の誤差が二つあれば $\sqrt{2}$ 倍になる．詳しくは第 9 章を参照．

**3・11** ［表現方法］
$$\frac{1}{3} = \frac{a_1}{2} + \frac{a_2}{2^2} + \frac{a_3}{2^3} + \cdots$$
とおいて係数を決める．両辺を 2 倍したあと，両辺の整数部分を取れば $a_1=0$ が決まる．以下続けて，
$$\frac{1}{3} = 0.01010101\cdots_2$$
一方，3 進法では，
$$\frac{1}{3} = 0.1_3$$
で小数点以下 1 桁．

**3・12** ［確率変数］ 話を簡単にするために $\mu=0$ としよう．バーの中を展開すると，
$$\overline{\left(x_1 - \frac{x_1 + \cdots}{n}\right)^2} + \cdots + \overline{\left(x_n - \frac{x_1 + \cdots}{n}\right)^2} = \frac{(n-1)^2 \overline{x_1^2} + \overline{x_2^2} + \cdots}{n^2} + \cdots$$
$$= n \times \frac{(n-1)^2 + (n-1)}{n^2} \sigma^2$$
$$= (n-1)\sigma^2$$

## 4. サンプリングと確率分布

**4・1** ［サンプリング］ 母集団が赤と白 50% ずつであるからサンプリングでも 50% となると期待される．したがって，2.5 個が答え．

**4・2** ［サンプリング］ 一つめの玉が赤になるのは確率 $\frac{1}{2}$，次も確率 $\frac{1}{2}$，…，よって $\frac{1}{2^5} = 3.125\%$．

**4・3** ［サンプリング］ 二項分布の ${}_5C_i \left(\frac{1}{2}\right)^5$ ($i=0,\cdots,5$) になると予想される．つまり $1:5:10:10:5:1$ の比で分布すると予想される．

**4・4** ［確率分布］ (a) 10 個程度では無理． (b) 正しい．
(c) よくある誤解であるが，測定を繰返しても母集団の誤差は小さくならない．
(d) 正しい． (e) 正しい．

**4・5**［確率分布］ 分子速度 $v=\sqrt{v_x^2+v_y^2+v_z^2}$ への寄与の度合い（重み）を考えることで説明できる．静止しているならば $v_x=v_y=v_z=0$ であるが，そのような分子はほとんどない．重みが $v^2\exp\left(-\dfrac{mv^2}{2kT}\right)$ に比例するので分子速度は有限の値になる．

**4・6**［ヒストグラムの作成］ Excel のグラフ機能（棒グラフ）を使えば，図 A・3 のようになる．

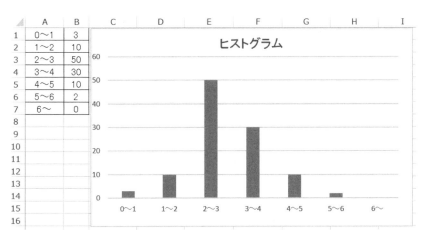

図 A・3　サンプル数のヒストグラム

**4・7**［ヒストグラムの作成］ Excel のグラフ機能（棒グラフ）を使えば，図 A・4 のようになる．データを入力後，昇順に並べて仕分けしている．数え間違いを防ぐために総数が変わらないことを確認．

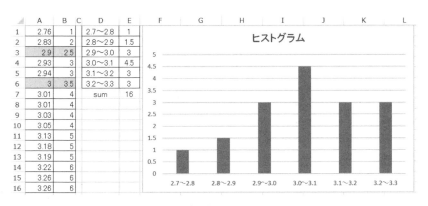

図 A・4　物理量のヒストグラム

## 5. 平均値・分散・標準偏差

**5・1［平均値］** (c)が正しい．分布のパラメーターがより確かになるから．ちなみに図A・5のコンピューター実験で実証．

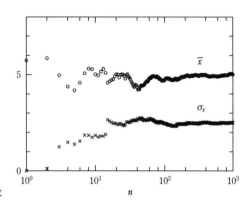

図A・5　$n$ 個の正規乱数

**5・2［標準偏差・分散］** (c)が正しい．ある値のまわりでばらつく．ばらつきの度合いはしだいに小さくなる．図A・5のコンピューター実験で実証．

**5・3［標準偏差・分散］** 式(5・25)の $n$ は，図5・1(a)のタイムウィンドウの数に対応する．$n$ が大きくなれば凸凹が相殺されて滑らかになるので $\sigma_{\bar{x}}$ が小さくなる．一方，前問5・2の分散の振る舞いは，図5・1(c)のタイムウィンドウが延びてデータ数が増えれば，母集団が本来もっている分散に近づくことを示している．

**5・4［試験成績の整理］** 図A・6のA列が名前（ID），B列が並べ替えた点数，それ

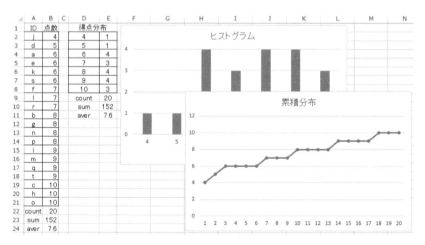

図A・6　得点データの整理

を折れ線グラフにしたのが累積分布．(a) 7.6 点，(b) 8 点，(c) 1.7 点，(d) 省略．

**5・5** ［試験成績の整理］　図 A・6 の D 列と E 列が仕分箱のデータ．
(a) 背面の図がヒストグラム．
(b) 度数の最大値が三つあるのでモードは定まらない．メジアンは仕分箱の度数を調べて 8 点．
(c), (d) 前問に同じ．

## 6. 二項分布・多項分布

**6・1** ［二項分布の特性］　$(p+q)^{n-1}=1$, $(p+q)^{n-2}=1$ を利用する．
$\nu = \nu'+1$ とおいて，
$$\bar{\nu} = \sum_{\nu=1}^{n} \frac{n!}{(\nu-1)!(n-\nu)!} p^\nu q^{n-\nu} = np \sum_{\nu'=0}^{n-1} \frac{(n-1)!}{\nu'!(n-1-\nu')!} p^{\nu'} q^{n-1-\nu'} = np$$
$\nu = \nu''+2$ とおいて，
$$\overline{\nu^2} = \sum_{\nu=1}^{n} \frac{[(\nu-1)+1]n!}{(\nu-1)!(n-\nu)!} p^\nu q^{n-\nu} = \sum_{\nu=2}^{n} \frac{n!}{(\nu-2)!(n-\nu)!} p^\nu q^{n-\nu} + \bar{\nu}$$
$$= n(n-1)p^2 \sum_{\nu''=0}^{n-2} \frac{(n-2)!}{(\nu'')!(n-2-\nu'')!} p^{\nu''} q^{n-2-\nu''} + \bar{\nu} = n(n-1)p^2 + \bar{\nu}$$
したがって，
$$\overline{(\nu-\bar{\nu})^2} = \overline{\nu^2} - (\bar{\nu})^2 = np(1-p) = npq$$

**6・2** ［二項分布の極限］
$$\xi n = \nu - np$$
とおき，付録の式 (B・11) を用いて変形すれば，
$$\ln B_{n,p}(\nu) \approx \frac{1}{2} \ln npq - n(p+\xi)\ln\left(1+\frac{\xi}{p}\right) - n(q-\xi)\ln\left(1-\frac{\xi}{q}\right)$$
となる．対数関数のテイラー展開
$$\ln(1+x) = x - \frac{1}{2}x^2 + \cdots$$
を用いて，
$$\ln B_{n,p}(\nu) \approx \frac{1}{2} \ln 2\pi npq - \frac{(n\xi)^2}{2npq}$$
が得られる．連続分布では，
$$\xi n = x - \bar{x}$$
であるから，式 (6・5) で近似できる．

**6・3** ［表計算ソフトの活用］　Excel で折れ線グラフをつくれば図 A・7 のようになる．H と R の逆転がまず目立つ．

6・4 ［表計算ソフトの活用］　$H_1(\text{GB}) = 4.18$, $H_1(\text{NYT}) = 4.17$.

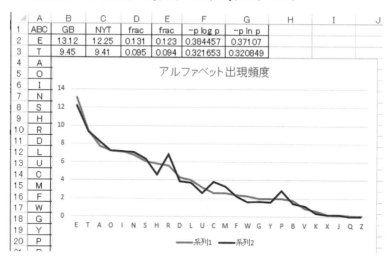

図 A・7　得点データの整理

## 7. 正 規 分 布

7・1 ［指数関数］　表 A・1 のとおり．

表 A・1　関数のグラフ

|  | $y = \exp(-x)$ | $y = \exp(-x^2)$ |
|---|---|---|
| 正　解 | (a) | (b) |
| （ⅰ）傾　き | 負 | ゼ　ロ |
| （ⅱ）値 | ゼ　ロ | ゼ　ロ |
| （ⅲ）範　囲 | 無　限 | 無　限 |

7・2 ［ガウス関数］　(a) 位置は変わらず，幅が細くなる．
(b) 幅は変わらず，位置が右に動く．

7・3 ［正規分布のグラフ］　図 A・8 がグラフ．$z$ は指数部分 $(x - \text{center})^2/(2\sigma^2)$, $A$ は係数 $1/(\sigma\sqrt{2\pi})$ のこと．

7・4 ［正規分布の面積］　図 A・8 の F2 セル∫ ($\pm 4\sigma$) が積分の値．ほぼ 1 である．

7・5 ［$\pm \sigma$ の確率］　図 A・8 の F3 セル∫ ($\pm \sigma$) が積分の値．68％である．

7・6 ［誤差を伴ったデータの平均］　式 (7・12) の指数部分を整理して，

$$\chi_0^2 = \frac{1}{\sigma_{\bar{x}}^2}(\bar{x})^2 - \frac{x_1^2}{\sigma_1^2} - \cdots - \frac{x_n^2}{\sigma_n^2} = \frac{1}{\sigma_1^2}(x_1 - \bar{x})^2 + \cdots + \frac{1}{\sigma_n^2}(x_n - \bar{x})^2$$

**7・7** [スチューデントの t 分布] 表 7・1 から $d=14$ のときに $t_0=2.14$ が読み取れる．式 (7・28) にその $t_0$ と $\bar{x}=22$, $s=5$, $d=14$ を代入して $19.2\,\text{mg} < \mu < 24.8\,\text{mg}$.

**7・8** [スチューデントの t 分布] (a) $\left(1+\dfrac{t^2}{d}\right)^{-(d+1)/2} \to (\text{定数}) \cdot |t|^{-(d+1)}$

(b) $\varepsilon = t^2/d$ とおいて, $\left(1+\dfrac{t^2}{d}\right)^{-(d+1)/2} = \left[(1+\varepsilon)^{1/\varepsilon}\right]^{-t^2/2} \to \exp(-t^2/2)$

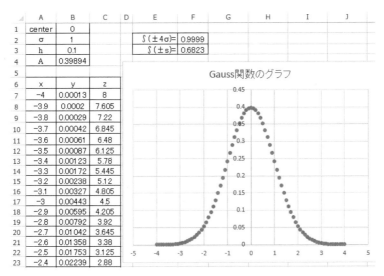

図 A・8　正規分布のグラフ

## 8. コンピューター実験

**8・1** [乱数列] 図 A・9 のとおり．50 桁では (b) と (c) の間に顕著な差は見られない．

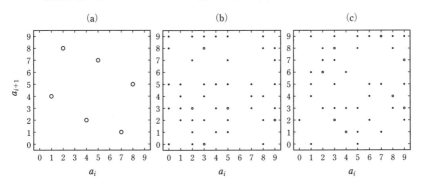

図 A・9　乱数としての π

**8・2** [一様乱数の発生と平均]　(a) =RAND()　(b) =A2*RAND()
(c) =A2^2　(d) =AVERAGE(A2:A11)

**8・3** [正規乱数の発生]　(a) =RAND()
(b) =$D$1*SQRT(-2*LN(A3))*COS(2*PI()*A4)
(c) =$D$1*SQRT(-2*LN(A3))*SIN(2*PI()*A4)
(d) =AVERAGE(C$3:C12)

**8・4** [標準偏差の計算]　(a) =STDEV(B3,B4)
(b) =C4*SQRT(1/2)
(c) =SQRT(B3^2+B4^2)/2)
(d) =IF(MIN(N4,O4,P4)=N4,"●","")

**8・5** [表計算でコイントス]　(a) A2 セルを =INT(2*RAND())
(b) D2 セルを =SUM(A2:C2)
(c) G2 から G6 セルを {=FREQUENCY(D2:D21,F2:F5)}

**8・6** [パルス列]　(a) =-B$1*LN(RAND()) とする．ただし，π は B1 セルに入っている．図 A・10 の $t$ がパルス発生時刻のデータ．
(b) 図のファイルを csv 形式で保存した後，再度 Excel で開き，$t$ を降順に並べ，ラベルが $x$，縦軸が $z$ の棒グラフを作成する．
(c) 図の $x$-$y$ 関係．なお，対数を取れば $x$-ln $y$ がほぼ直線的に減少することがわかる．

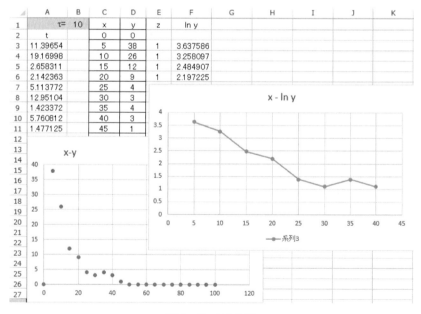

図 A・10　パルス列

## 9. 誤差の伝播と相関係数

**9・1** [測定値の和] $2(a+b) = 2(\bar{a}+\bar{b}) \pm \sqrt{\sigma_a^2 + \sigma_b^2} = 350 \pm 2\sqrt{5} = 350 \pm 5$ mm

**9・2** [測定値の和] $350.0 \pm 4.5$ mm

**9・3** [測定値の和] たとえば，$a, b$ が同時に最小値あるいは最大値を取る確率は小さい．±は値が存在する範囲を示すのではなく，統計分布の指標を表す記号である．など

**9・4** [測定値の積]
$$\pm \sqrt{\frac{\sigma_a^2}{(\bar{a})^2} + \frac{\sigma_b^2}{(\bar{b})^2}} = \pm 1.3\%$$

**9・5** [測定値の積]
$$\pm \sqrt{\frac{\sigma_a^2}{(\bar{a})^2} + \frac{\sigma_b^2}{(\bar{b})^2} + \frac{\sigma_h^2}{(\bar{h})^2}} = \pm 1.8\%$$

**9・6** [測定値の関数]
$$\frac{h}{l} = \frac{2(1 \pm 0.05)}{10(1 \pm 0.05)} = 0.2(1 \pm 0.05\sqrt{2}) \equiv \bar{x} \pm \sigma_x$$

今求めたいのは角度 $\theta$ であり，

$$\bar{\theta} \pm \sigma_\theta = \sin^{-1}(\bar{x} \pm \sigma_x) = \sin^{-1}\bar{x} \pm \left.\frac{\mathrm{d}\sin^{-1}x}{\mathrm{d}x}\right|_{x=\bar{x}} \sigma_x = \sin^{-1}\bar{x} \pm \frac{1}{\sqrt{1-(\bar{x})^2}} \sigma_x$$

$$= 0.201 \pm 0.014 \text{（ラジアン単位）}$$
$$= 11.5 \pm 0.8 = 12 \pm 1 \text{（度単位）}$$

**9・7** [相関係数の対称性] (a) 平行移動: 点の座標が $x_i'=x_i+a$, $y_i'=y_i+b$ になったとする．平均位置の座標は $\overline{x_i'}=\overline{x_i}+a$, $\overline{y_i'}=\overline{y_i}+b$ となる．$x_i'-\overline{x_i'}=x_i-\overline{x_i}$, $y_i'-\overline{y_i'}=y_i-\overline{y_i}$ であるから $r$ の値は変わらない．
(b) 定数倍: 点の座標が $x_i'=px_i$, $y_i'=qy_i$ になったとする．平均位置の座標は $\overline{x_i'}=p\overline{x_i}$, $\overline{y_i'}=q\overline{y_i}$ となる．$x_i'-\overline{x_i'}=p(x_i-\overline{x_i})$, $y_i'-\overline{y_i'}=q(y_i-\overline{y_i})$ であるから，$\sigma_{xy}$ は $pq$ 倍，$\sigma_x$ は $p$ 倍，$\sigma_y$ は $q$ 倍にそれぞれ変化するので $r$ の値は変わらない．

**9・8** [相関係数] =CORREL($B2:$B101,$D2:$D101)

**9・9** [相関係数] Excel の A 列と B 列に 2 桁の整数をランダムに 20 個ずつ記入せよ．そして A 列と B 列の相関係数を計算せよ．

**9・10** [相関係数] 直線でのあてはめは機械的に実行できる．ここでの問いは，その結果に意味があるのかを問うている．Yes を ○，No を × とする．

(a) ×（規則性が認められない）　(b) ×（規則性が認められない）　(c) ○
(d) ×（再実験すべし）　(e) ○　(f) ○
(g) ×（解析に誤り）　(h) ×（解析に誤り）　(i) ○

## 10. 2 変量の正規分布

**10・1** [相関のない 2 次元正規分布] $x$ について $\pm \sigma_x$ の範囲内に観測される確率が

68.26％，$y$についても同じく 68.26％である．それらの事象が同時に起こる確率は確率の積の 46.59％である．39.35％より大きいのは，式(10・10)の積分領域 $D$ が長方形になるからである．図 A・11 の影の分だけ積分値が大きい．

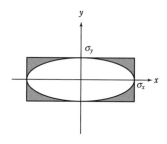

**図 A・11** 問 10・1 の積分領域 $D$

**10・2**［相関のない 2 次元正規分布］ $\chi_0^2 = 2$ を式(10・10)に代入して，$P = 1 - e^{-1} = 63.21\%$．

**10・3**［楕円の形状］ 図 A・12 に示す．変わらないのは接線間隔が $2\sigma_x$ と $2\sigma_y$ であるということ．

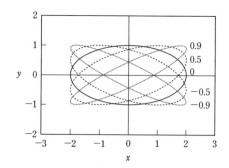

**図 A・12** 相関係数 $r$ と楕円の形状．数字は $r$ の値．

**10・4**［楕円の範囲］ $y$ 軸に平行な接線は $dX/dY = 0$ であるから式(10・21)を $Y$ で微分すれば，

$$\frac{2X}{\sigma_x^2}\frac{dX}{dY} - \frac{2r_{xy}}{\sigma_x\sigma_y}\left(X\frac{dX}{dY} + Y\right) + \frac{2Y}{\sigma_y^2} = 0$$

つまり，

$$Y = \frac{r_{xy}\sigma_y}{\sigma_x}X$$

である．これを式(10・21)に代入して $X = \sigma_x\chi$ が得られる．これは接点の $X$ 座標であるから $y$ 軸に平行な接線の間隔は $2\sigma_x\chi$ である．$x$ 軸方向については $dY/dX = 0$ として同様

に求められる.

**10・5**［相関のある2次元正規分布］ 付録の式(B・4)において,
$$A = \frac{1}{2(1-r_{xy}^2)\sigma_x^2}, \quad B = \frac{1}{2(1-r_{xy}^2)\sigma_y^2}, \quad H = \frac{r_{xy}}{2(1-r_{xy}^2)\sigma_x\sigma_y}$$
とし，式(B・4)から導かれる
$$I_0 = 2\pi\sqrt{1-r_{xy}^2}\,\sigma_x\sigma_y$$
を用いれば証明できる.

**10・6**［相関のある2次元正規分布］ $\chi_0^2 = \dfrac{2}{(1-r_{xy}^2)} = 8/3$ を式(10・22)に代入して,
$$P = 1 - e^{-4/3} = 73.64\%$$

**10・7**［分散行列］ $\boldsymbol{B}$ を具体的に書き下せば,
$$\boldsymbol{B} = \frac{1}{1-r_{xy}^2}\begin{pmatrix} \dfrac{1}{\sigma_x^2} & -\dfrac{r_{xy}}{\sigma_x\sigma_y} \\ -\dfrac{r_{xy}}{\sigma_x\sigma_y} & \dfrac{1}{\sigma_y^2} \end{pmatrix}$$
である．また $\boldsymbol{C}$ を書き改めて,
$$\boldsymbol{C} = \begin{pmatrix} \sigma_x^2 & r_{xy}\sigma_x\sigma_y \\ r_{xy}\sigma_x\sigma_y & \sigma_y^2 \end{pmatrix}$$
とする．積をつくると
$$\boldsymbol{BC} = \boldsymbol{CB} = \begin{pmatrix} 1 & 0 \\ 0 & 1 \end{pmatrix}$$
が確かに成り立つ.

## 11. データ・フィッティング

**11・1**［回帰直線のパラメーター］ $\Sigma_1$ で割れば平均値になることを用いる．たとえば，$\Sigma_{xx}$ については,
$$\frac{\Sigma_{xx}}{\Sigma_1} = \frac{\displaystyle\sum_{i=1}^n \frac{x_i^2}{\sigma_{y,i}^2}}{\displaystyle\sum_{i=1}^n \frac{1}{\sigma_{y,i}^2}} = \sum_{i=1}^n w_i x_i^2 = \overline{x_i^2}$$
$$w_i = \frac{\dfrac{1}{\sigma_{y,i}^2}}{\displaystyle\sum_{i=1}^n \dfrac{1}{\sigma_{y,i}^2}}$$
であり，重み $w_i$ がついた $x_i^2$ の加重平均となる.

**11・2**［回帰直線のパラメーター］ $\Sigma_p$ の定義式に $x=\delta x+\bar{x}$, $y=\delta y+\bar{y}$ を代入し，$\overline{\delta x}=0$, $\overline{\delta y}=0$ を用いれば証明できる．たとえば,
$$\Delta' = n^2[\overline{(\delta x+\bar{x})^2} - (\overline{\delta x+\bar{x}})^2] = n^2\overline{(\delta x)^2}$$

なお，ここで用いる平均は演習問題 11・1 で定義された加重平均である．

**11・3**［回帰直線のパラメーター］
$$\Delta = (\Sigma_1)^2 [\overline{x_i^2} - (\overline{x_i})^2] = (\Sigma_1)^2 \overline{(x_i - \overline{x_i})^2} > 0$$
ここでも演習問題 11・1 で定義された加重平均を用いる．なお，すべての点が同じ値 $(x_i = \overline{x_i})$ のときは等号が成り立つが，これは起こりえないものとしてよい．

**11・4**［(Excel による) 回帰直線］　図 11・5 が解き方の例．$a_0 = 1.25$，$b_0 = 0.40$．

**11・5**［(Excel による) 回帰直線］　図 11・5 の下のグラフを描いて近似曲線の式を表示させる．

**11・6**［(Excel による) 回帰直線］　図 11・5 が解き方の例．$\sigma_a = 0.15 \approx 0.2$，$\sigma_b = 0.73 \approx 0.7$．

**11・7**［(Excel による) 回帰直線］　図 11・5 に 1 行追加すると簡単．勾配は $1.2 \pm 0.1$，切片は $0.6 \pm 0.6$．

**11・8**［(エクセルによる) 回帰直線］　$P$ を横軸とする $(P, t)$ 関係から $t$ 切片を求めると $b = -263 \pm 18.2 = -260 \pm 20\,°\mathrm{C}$．$t$ を横軸とする $(t, P)$ 関係から $P = at + b$ のパラメーターを求めると，
$$a = 0.267 \pm 0.015, \quad b = 71.12 \pm 1.13$$
である．$t$ 切片を求めると，
$$-\frac{b_0}{a_0}\left(1 \pm \sqrt{\left(\frac{\sigma_a}{a_0}\right)^2 + \left(\frac{\sigma_b}{b_0}\right)^2}\right) = -266 \pm 16 = -270 \pm 20\,°\mathrm{C}$$
誤差の範囲内に両者があるので同じ値が得られるとみなしてよい．

**11・9**［減衰の時定数］　図 A・13 が一例．A 列はパルスが発生するタイミングで指

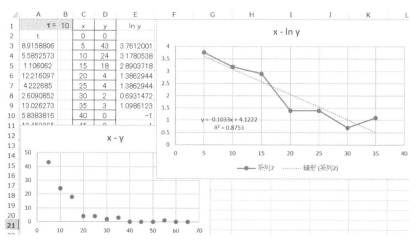

**図 A・13**　エクセルで回帰直線を求める

数乱数である．C列とD列はヒストグラム．FREQUENCY関数を用いているのですぐに分布がわかる．この関数を使わない場合はいったんテキスト形式で保存してから再度読み込んで大きい順に並び替える必要がある．左のグラフはC列とD列の関係を示す．

E列はD列の対数．$y=0$ では対数が発散するので，IF(D3>0,LN(D3),-1)によってエラーを防いでいる．結果が右のグラフ．線形近似の式から，$1/|a_0|=9.7$ である．この値は $\tau$ にほぼ等しい．なお，最小二乗法の範囲は対数が発散する直前までの（図では7個の）データに対して行うべきである．

**11・10** [減衰の時定数]　図11・5にならって図A・14のように解く*．結果は，

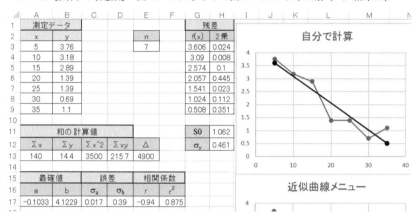

**図A・14**　エクセルで減衰の時定数を求める（1）

**図A・15**　エクセルで減衰の時定数を求める（2）．重みあり．

\*　見出しの $x$, $y$ は表11・4の $t$, $x$ に対応するので要注意．

$$\frac{1}{0.1033 \pm 0.017} = \frac{1}{0.1033} \pm \frac{0.17}{0.1033^2} \approx 10 \pm 2 \qquad (\text{A} \cdot 1)$$

なお，SUMPRODUCT 関数を用いている．

**11・11**［減衰の時定数］ 図A・15のC列に重み $w_i = \frac{1}{\sigma_i^2} \propto x_i^2$ を入れる*．結果は，

$$\frac{1}{0.107 \pm 0.014} = \frac{1}{0.107} \pm \frac{0.014}{0.107^2} \approx 9 \pm 1 \qquad (\text{A} \cdot 2)$$

## 12. ポアソン分布

**12・1**［モーメント］ $e^\mu$ の級数展開公式を用いて，1次のモーメントは，

$$\bar{\nu} = \sum_{\nu=0}^{\infty} \nu P_\mu(\nu) = e^{-\mu} \sum_{\nu=0}^{\infty} \frac{\nu \mu^\nu}{\nu!} = \mu e^{-\mu} \sum_{\nu=1}^{\infty} \frac{\mu^{\nu-1}}{(\nu-1)!} = \mu e^{-\mu} e^\mu = \mu$$

2次のモーメントは，

$$\overline{\nu^2} = e^{-\mu} \sum_{\nu=1}^{\infty} \frac{[(\nu-1)+1]\mu^\nu}{(\nu-1)!} = \mu^2 e^{-\mu} \sum_{\nu=2}^{\infty} \frac{\mu^{\nu-2}}{(\nu-2)!} + \mu e^{-\mu} \sum_{\nu=1}^{\infty} \frac{\mu^{\nu-1}}{(\nu-1)!} = \mu^2 + \mu$$

**12・2**［大きい $\mu$］ $\nu$ を実数に拡張して考えよう．ピーク位置は $dP_\mu(\nu)/d\nu=0$ となる $\nu$ の値であるが，$d \ln P_\mu(\nu)/d\nu = 0$ からでも決まる．式(12・3)を代入して，

$$\ln P_\mu(\nu) = \nu \ln \mu - \mu - \left(\nu \ln \nu - \nu + \frac{1}{2} \ln 2\pi\right) \qquad (\text{A} \cdot 3)$$

これを $\nu$ で微分して

$$\frac{d \ln P_\mu(\nu)}{d\nu} = \ln \frac{\mu}{\nu} = 0$$

よって $\nu \approx \mu$ がピーク位置である．

**12・3**［大きい $\mu$］ 式(12・6)から得られる $\nu = \mu + x\sqrt{\mu}$ を式(A・3)に代入して，

$$\ln P = (\mu + \sqrt{\mu}x) \ln \mu - \mu - \left[(\mu + \sqrt{\mu}x) \ln \mu\left(1 + \frac{x}{\sqrt{\mu}}\right) - (\mu + \sqrt{\mu}x) + \frac{1}{2} \ln 2\pi\right]$$

が得られる．

$$\ln\left(1 + \frac{x}{\sqrt{\mu}}\right) \approx \frac{x}{\sqrt{\mu}} - \frac{x^2}{2\mu}$$

を用いて，

$$\ln P = -\frac{1}{2} \ln 2\pi\mu - \frac{1}{2} x^2$$

**12・4**［$\mu$ 導出］ $B_{N,p}(\nu)$ の対数を取って，スターリングの公式と $\ln(1-x) \approx -x$ を用いて，

$$\ln B_{N,p}(\nu) \approx \nu \ln Np - \ln \nu! - Np\left(1 - \frac{\nu}{N}\right) - \left(\frac{\nu}{N}\right)\nu \to \ln\left(\frac{\mu^\nu}{\nu!} e^{-\mu}\right)$$

---

\* 見出しの $x$, $y$ は表11・4の $t$, $x$ に対応するので要注意．

演習問題の解答    155

**12・5**［$\mu$ が既知の分布］ $\mu=1.5\times 10=15$ カウントであるから，$P_{10}(\nu)=10^{\nu}\mathrm{e}^{-10}/\nu!$ （$\nu=0, 1, 2, \cdots$）．

**12・6**［信号からバックグラウンドを差し引くこと］ $T$ が異なる量の引き算である．
1分間当たりの信号カウント数は，

$$\frac{2540\pm\sqrt{2540}}{10}-\frac{100\pm\sqrt{100}}{4}=(254-25)\pm\sqrt{\frac{2540}{100}+\frac{100}{16}}$$
$$=229\pm 6\text{ カウント}/\min$$

10分間の信号カウント数は，

$$2540\pm\sqrt{2540}-(100\pm\sqrt{100})\times\frac{10}{4}=(2540-250)\pm\sqrt{2540+\frac{100\times 100}{16}}$$
$$=2290\pm 56=2290\pm 60\text{ カウント}/\min$$

**12・7**［相対誤差］

$$\frac{\sqrt{20T}}{20T}<0.05$$

となる $T$ を求めると $T>20$ min である．

**12・8**［細菌コロニー］ 表 A・2 のとおり．$\mu=4.03$．

表 A・2  細菌コロニーの分布

| 個 数 | 0 | 1 | 2 | 3 | 4 | 5 | 6 | 7 | 8 | 9 |
|---|---|---|---|---|---|---|---|---|---|---|
| 度 数 | 0 | 0 | 5 | 7 | 10 | 5 | 4 | 0 | 0 | 1 |

## 13. カイ二乗検定

**13・1**［表計算でコイントス］ Excel を用いた結果を図 A・16 に示す．
(a) 図のとおり．$c=1$, $d=3$ に注意．
(b) $\tilde{\chi}_0{}^2=0.18$
(c) $\mathcal{P}(\tilde{\chi}^2>\tilde{\chi}_0{}^2|d)\approx 91\%$．なお，図13・3 から 90% 程度と読み取れる．二項分布に従

| | A | B | C | D | E | F | G | H | I | J | K |
|---|---|---|---|---|---|---|---|---|---|---|---|
| 1 | i | value | O | E | 1/E | (O-E)^2 | | red χ^2 | d | Γ(d/2) | Prob (%) |
| 2 | 1 | 0 | 10 | 10 | 0.1 | 0 | | 0.1777778 | 3 | 0.8862269 | 91.2 |
| 3 | 2 | 1 | 28 | 30 | 0.0333333 | 4 | | | | | |
| 4 | 3 | 2 | 33 | 30 | 0.0333333 | 9 | | | | | |
| 5 | 4 | 3 | 9 | 10 | 0.1 | 1 | | | | | |
| 6 | | | | | | | | | | | |
| 7 | | total= | 80 | 80 | | | | | | | |

図 A・16  コイン 3 枚のトス．H2 セルの計算式は =SUMPRODUCT(E2:E5,F2:F5)/I2．K2 セルの計算式は =100*ProbChi2(H2,I2,J2)．

うという仮説は受け入れてよい．

**13・2**［表計算でコイントス］ $\tilde{\chi}_0^2 = 0.82$, $\mathcal{P}(\tilde{\chi}^2 > \tilde{\chi}_0^2 | d) \approx 48\%$.

**13・3**［表計算でコイントス］ 形式上，式(13・12)の分母，分子を 1.25 倍することになるから $\tilde{\chi}_0^2$ の値も 1.25 倍になる．分母の誤差 $E_i$ はポアソン分布の標準偏差に由来するから，度数を相対値に変えてはいけない．

**13・4**［細菌コロニー］ $\mathcal{P}(\tilde{\chi}^2 > \tilde{\chi}_0^2 | d) \approx 2\%$ であるから 5% の有意水準で棄却せねばならない．

**13・5**［メンデルの法則］ データを整理すると表 A・3 のとおりである．$\tilde{\chi}_0^2 = 0.70$, $\mathcal{P}(\tilde{\chi}^2 > \tilde{\chi}_0^2 | d) \approx 55\%$ であるからメンデルの法則が成り立つという仮説は受け入れてよい．

表 A・3 花の品種改良実験 (2)

| 箱番号 $i$ | 1 | 2 | 3 | 4 | 合計 |
|---|---|---|---|---|---|
| 観測度数 $O_i$ | 228 | 170 | 148 | 83 | 629 |
| 期待度数 $E_i$ | 235.9 | 157.3 | 157.3 | 78.6 | 629.1 |

**13・6**［男女比］ 男女同数の仮説に従えば期待度数は全入場者数の半分である．実現度数は男女どちらでもよいが和は両方について取る．制約条件がなく，仕分箱が 6 個なので自由度は $d=6$ である．$\tilde{\chi}_0^2 = 3.28$, $\mathcal{P}(\tilde{\chi}^2 > \tilde{\chi}_0^2 | d) \approx 0.3\%$ であるから，男女同数という仮説は 1% の有意水準で棄却される．

**13・7**［サイコロの比較］ $d=5$ である．一般市販品は $\tilde{\chi}_0^2 = 2.04$ で確率は $\mathcal{P}(\tilde{\chi}^2 > \tilde{\chi}_0^2 | d) = 7.0\%$．特製高級品は $\tilde{\chi}_0^2 = 0.083$ で確率は $\mathcal{P}(\tilde{\chi}^2 > \tilde{\chi}_0^2 | d) = 99.5\%$ である．特製品については文句なしに仮説が受け入れられる．一般市販品については 5% の有意水準で棄却はできない，つまり目の出方が同じでないとはいえない．

## 14. ベイズの統計理論

**14・1**［病理検査］ 式(14・1)に数値を代入して，

$$P\{A|a\} = \frac{0.97 \times 0.01}{0.97 \times 0.01 + 0.05 \times 0.96 + 0.1 \times 0.03} = 16\%$$

**14・2**［うその中の真実］ "花子が当たりくじを引いた" という言辞に対して二つの場合が考えられる．
(i) 花子が当たりくじを引いた．太郎は嘘をつかなかった．
(ii) 花子がはずれくじを引いた．太郎は嘘をついた．
確率を計算すると前者は $(9/10) \times (1/100) = 9/1000$，後者は $(1/10) \times (99/100) = 99/1000$ である．実際に花子が当てた確率は $9/(9+99) = 1/12$ である．

**14・3**［返って来ないメール］ (i) 相手にメールが届かない．確率 $p$.
(ii) 相手にメールが届いたが返事を書かない．確率 $(1-p)q$.

(iii) 相手にメールが届いた，相手が返事を書いたがネットワークトラブルで届かない．確率 $(1-p)(1-q)p$．

逆確率は，
$$P\{1|a\} = \frac{p}{p + (1-p)q + (1-p)(1-q)p}$$

ここで $a$ はメールが届かない事象のこと．

**14・4**［物理定数のアップデート］ (a) 式(14・6)のべき指数が $N_A$ について等価な2次式であることを利用する．順番としては $N_A$ の係数が同じであるという条件から $1/\sigma^2$ がまず求まり，次に $N_A$ を含まない項を比較して $\mu$ が求まる．具体的な式は次を参照．

(b) 式(7・14)より，
$$\mu = \frac{w_0\mu_0 + w_1\mu_1}{w_0 + w_1} = \frac{\frac{1}{\sigma_0^2}\mu_0 + \frac{1}{\sigma_1^2}\mu_1}{\frac{1}{\sigma_0^2} + \frac{1}{\sigma_1^2}}$$

一方，式(7・15)より，
$$\frac{1}{\sigma^2} = \frac{1}{\sigma_0^2} + \frac{1}{\sigma_1^2}$$

**14・5**［もっともらしさのアップデート］ 式(14・1)において，$A=$本物，$B=$トリック用，$a=$裏とすれば $P\{A\}=P\{B\}=\frac{1}{2}$, $P\{a|A\}=\frac{1}{2}$, $P\{a|B\}=1$ であるから，

$$P\{A|a\} = \frac{1 \times \frac{1}{2}}{1 \times \frac{1}{2} + \frac{1}{2} \times \frac{1}{2}} = \frac{2}{3} \quad \text{つまり本物である確率の倍になる．}$$

# 付　　録

## B・1　ガウス積分に関係する数学公式
### B・1・1　1 重 積 分

$$\int_{-\infty}^{\infty} e^{-px^2}\,dx = \frac{\sqrt{\pi}}{\sqrt{p}} \tag{B・1}$$

$$\int_{-\infty}^{\infty} x e^{-px^2}\,dx = 0 \tag{B・2}*$$

$$\int_{-\infty}^{\infty} x^2 e^{-px^2}\,dx = \frac{\sqrt{\pi}}{2p\sqrt{p}} \tag{B・3}$$

### B・1・2　無限領域の 2 重積分

$$I_0 = \iint_{-\infty\;-\infty}^{\;\infty\;\;\infty} e^{-Ax^2+2Hxy-By^2}\,dxdy = \iint_{-\infty\;-\infty}^{\;\infty\;\;\infty} e^{-A'\xi^2-B'\eta^2}\,d\xi d\eta$$

$$= \frac{\pi}{\sqrt{A'B'}} = \frac{\pi}{\sqrt{AB-H^2}} \tag{B・4}$$

$$A' = \frac{1}{2}[A + B + \sqrt{(A-B)^2 + (2H)^2}] \tag{B・5}$$

$$B' = \frac{1}{2}[A + B - \sqrt{(A-B)^2 + (2H)^2}] \tag{B・6}$$

### B・1・3　有限領域の 2 重積分
楕円形の有限領域（図 B・1）

$$D: Ax^2 - 2Hxy + By^2 \leq W^2$$

について，

$$\iint_D e^{-Ax^2+2Hxy-By^2}\,dxdy = \iint_{D'} e^{-A'\xi^2-B'\eta^2}\,d\xi d\eta = \frac{1}{\sqrt{A'B'}}\iint_{D''} e^{-u^2-v^2}\,dudv$$

$$= (1 - e^{-W^2}) \tag{B・7}$$

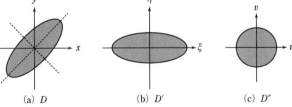

(a) $D$　　　(b) $D'$　　　(c) $D''$

図 B・1　積分領域

---
\* 積分範囲が $0 \leq x < \infty$ であれば $\dfrac{1}{2p}$ になる．

## B・1・4　2次のモーメント

$$\int_{-\infty}^{\infty}\int_{-\infty}^{\infty} x^2 e^{-Ax^2+2Hxy-By^2}\,dxdy = \frac{1}{2}\cdot\frac{B}{AB-H^2}I_0 \tag{B・8}$$

$$\int_{-\infty}^{\infty}\int_{-\infty}^{\infty} y^2 e^{-Ax^2+2Hxy-By^2}\,dxdy = \frac{1}{2}\cdot\frac{A}{AB-H^2}I_0 \tag{B・9}$$

$$\int_{-\infty}^{\infty}\int_{-\infty}^{\infty} xy\, e^{-Ax^2+2Hxy-By^2}\,dxdy = \frac{1}{2}\cdot\frac{H}{AB-H^2}I_0 \tag{B・10}$$

ここで，$I_0$ は式(B・4)で定義した規格化定数である．

## B・2　階乗の近似計算（スターリングの公式）

$$\ln N! \approx \left(N+\frac{1}{2}\right)\ln N - N + \frac{1}{2}\ln 2\pi \tag{B・11}$$

本書では簡易版の

$$\ln N! \approx N\ln N - N + \frac{1}{2}\ln 2\pi \tag{B・12}$$

を用いることもある．

## B・3　カイ二乗の確率
### B・3・1　計算公式

$$\mathcal{P}(\tilde{\chi}^2 > \tilde{\chi}_0^{\,2}|d) = \frac{2}{2^{d/2}\Gamma(d/2)}\int_{\chi_0}^{\infty} x^{d-1}e^{-x^2/2}\,dx \tag{B・13}$$

$$= \frac{1}{2^{d/2}\Gamma(d/2)}\int_{\chi_0^2}^{\infty} x^{(d/2)-1}e^{-x/2}\,dx \tag{B・14}$$

### B・3・2　Visual Basic Application による数値計算

　式(B・13)を ProbChi2 として Excel に組込むことができる．そのためには Excel の "開発" メニューで Visual Basic を起動して挿入メニューの標準モジュール入力画面に次ページのコードを入力する*．

　使用法は =ProbChi2 ($\chi_0^2$, $d$, $\gamma$) であり，最初のパラメーターが換算カイ二乗の値，次が自由度，最後がガンマ関数の値 $\gamma=\Gamma(d/2)$ である．ガンマ関数は Visual Basic に備わっていないので Excel 上で =GAMMA(…) として $\gamma$ の値を得る．閉じる際に xlsm 形式で保存しておく．

---

\* http://www.haysayh.net から入力データを入手すれば入力の手間が省ける．

```
Option Explicit
Dim N As Integer
Static Function ProbChi2(chi02 As Double, dfree As Integer,
  Gamma As Double) As Double
  Dim S0, S, x, y, fac, xmax As Double
  Dim i As Integer
  Const eps = 0.000001
  Const h = 0.01
  Const dxmax = 5#
  If chi02 <= 0 Then
    ProbChi2 = 1#
    Exit Function
  End If
  N = dfree
  fac = 2# * Exp(-0.5 * Log(2#) * (dfree)) / Gamma
  x = Sqr(chi02 * dfree)
  xmax = Sqr(dfree) + dxmax
  S0 = fun(x)
  i=0
  S = 0#
  Do
    i=i+1
    x=x+h
    y = fun(x)
    If i Mod 2 = 0 Then
      S=S+y
    Else
      S=S+y+y
    End If
  Loop While (y > eps) And (x < xmax)
  S=2#*S+ S0
  ProbChi2=fac * S*h / 3#
End Function

Function fun(ByVal x As Double) As Double
  fun= Exp((N -1) * Log(x) -0.5* x * x)
End Function
```

# 参 考 文 献

1) J. R. Taylor 著，林 茂雄，馬場 凉訳，"計測における誤差解析入門"，東京化学同人 (2000).
2) H. J. C. Berendsen 著，林 茂雄，馬場 凉訳，"データ・誤差解析の基礎"，東京化学同人 (2013).
3) 林 茂雄，"理工系のための表計算ソフト活用術"，東洋書店 (2008).
4) W. Feller, "An Introduction to Probability Theory and Its Applications", 3rd Ed., Vol. 1, Wiley (1968).
5) 林 茂雄，"移動現象論入門"，東洋書店 (2007).
6) 林 茂雄，"エンジニアのための分子分光学入門"，コロナ社 (2015).
7) S. Chandrasekhar, *Rev. Mod. Phys.* **15**, 1〜89 (1943).
8) 一松 信，"近似式"，竹内書店 (1963).
9) J. Kowalik, M. R. Osborne 著，山本善之，小山健夫訳，"非線形最適化問題"，培風館 (1970).
10) 宮武 修，脇本和昌，"乱数とモンテカルロ法"，森北出版 (1978).
11) L. L. Gatlin 著，野田春彦，長谷川政美，矢野隆昭訳，"生体系と情報理論"，東京化学同人 (1974).
12) 長田順行，"暗号"，p. 132，社会思想社 (1985).
13) K. J. Laidler 著，高石哲男訳，"化学反応速度論 I"，p. 173，産業図書 (1965).
14) W. H. Jeffreys, J. O. Berger, "Ockham's razor and Baysian analysis", *Amer. Scientist*, **80**, 64〜72 (1992).

# 索引

## Excel 関数

ACOS 5
ASIN 5
ATAN 5
AVERAGE 6,49
CHOOSE 6
CORREL 6,86
COS 5
COUNT 6,49
COUNTIF 6,75
EXP 5
FACT 5
FREQUENCY 72
GAMMA 5
IF 6,75
INT 5,17
LN 5
LOG 5
LOG10 5
MAX 5
MIN 5,75
MOD 5,17
PI 5,18
RAND 1,5,70
SIN 5
SQRT 5,49,50
STDEV 6,46,49
STDEVP 46
STDEV.P 46
STDEV.S 46
SUM 4,6,49,50,110
SUMPRODUCT 5,6,49,50,110
SUMSQ 6,111
TAN 5

## あ 行

アスキー 54
アース線 25
アデニン 58
アナログ回路による平均 42
アナログ計測 11
アナログテスター 27
アベレージング 47
アボガドロ定数 20
余 り 17
R2 89
RANGE 19
暗号書 58
アンサンブル 34

ERROR 19
1次元検出器 12
1次元ランダムウォーク 53
一様乱数 70,77
移動平均 41

ASCII 54
エクスプローラー 7
SI 単位 10
SEM 12
xls 7
xlsx 7
X線回折 14
AD 変換 11
エドガー・アラン・ポー 55
$n$ 値乱数 72
Modula-2 1
エラーバー 20
エラーメッセージ 8
エルゴード性 35
演算子 6
円周率 17
エントロピー 58

黄金虫 55
オシロスコープ 12,33,81
オペアンプ 81

## か 行

回帰曲線 99
回帰直線 99,123
カイ二乗 64,91,122
──の確率 127
ガウス型曲面 96
ガウス関数 54,112
ガウス積分 159
ガウス分布 60
拡張子 6
確 度 38
確率分布 32,36
確率分布関数 36
──の平均 44
確率変数 21

# 索引

下限 19
加重平均 43
仮説 123
仮説が真である確率 124
仮説の検定 127
カーブフィッティング 98
ガロン 10
換算カイ二乗 124
観測度数 125

期待値 40
期待度数 125
基本物理定数 20
帰無仮説 127
逆確率 132
共分散 83,85
許容範囲 21
近似曲線メニュー 111

グアニン 58
偶関数 93
組立て単位 10
繰返し現象 33
繰返し平均 41

系統誤差 26,38
経年変化 26
原因推定 132
原子時計 25
減衰関係 100
検定 122,123

光学顕微鏡 12
交差 94
校正 13,26
誤差 17,125
　──の加減算 76
　──の種類 24
　──の伝播 23,81〜84
　──の独立 23
　──の表現 19,20
誤差伝播 81〜84
コンマ区切り 7

## さ

最確値 19
細菌コロニー 117
最小二乗法 101
最大傾斜法 112

最適化 101
　モデル関数の── 103
最尤値 19
雑音 25,47
　──の伝播 81
サーミスター 13
左右非対称の分布 65
三角分布 77
残差 103
散布図 4
散布図プロット 111
サンプリング 32
サンプリングオシロスコープ 33
サンプリング定理 33

## し

csv 7
時系列 41
シーケンス 41
事後確率 134
指数関数 60
指数関数的な減衰 100
指数乱数 72
事前確率 134
自然数 17
実数 17
時定数 42,113,119
シトシン 58
GPS 25
社会統計 28
シャノンの冗長度 58
シャノンのサンプリング定理 33,44
収差 25
重心 107
自由度 124
16進数 54
主観的確率 132
循環小数 17
商 17
定規 26
上限 19
条件つき確率 134
冗長度 58
初期値 101,113
ショーブネの判断基準 29
仕分箱 35
シンプソンの公式 4

シンプレックス法 112

## す〜そ

数直線 17
スターリングの公式 54,160
スチューデントの $t$ 分布 65,78
ストークスの法則 13

正規分布 22,60,91,106,118
　──のモーメント 61
　2次元── 92
　ひずんだ── 65
正規乱数 71
整数 17
精度 38
正の相関 86
制約条件 124
積算時間 119
接触抵抗 27
絶対測定 11
セル 2
線形データフィッティング 102
　3パラメーターによる── 109
選点多項式 100
線幅 24

相関係数 85
相対測定 11
測定量の平均 40
ソート 72
ソフトマテリアル 13

## た行

台形公式 4
タイムウィンドウ 41
楕円軸 92
多孔質材料 13
多項展開 55
多項分布 55
確からしさ 132
多値モデル 53
タブ区切り 7
単精度実数 9

# 索引

断　面　93
チミン　58
抽　出　32,34
中心極限定理　67
直接確率　132

積み上げ平均　42

TEM　12
txt　7
テキストエディタ　7
デジタル計測　11
デジタル時計　29
テスター　28
データフィッティング　98,124
デバイ　10
電気素量　20
伝　送　82
伝　播　82

透過型電子顕微鏡　13
統計誤差　38
統計集団　32
動作温度　25
等確率の原理　132
度数分布　36,72,106
度数分布図　35,44
$記号　3

## な　行

二項展開　52
二項分布　52,116
2次元正規分布　92
2進数　11
2値モデル　53

粘性率　11
粘　度　11

ノギス　27

## は，ひ

バイアス　38
倍精度実数　9

排他的事象　134
バイト　54
波高分析　35
波　数　10
％（パーセント）　20
バックグラウンドの除去　120
発光寿命　24
パデ近似式　101
馬　力　10
パルス事象　118

BET法　13
Pascal　73
比較電圧　11
ヒストグラム　35,44
ひずんだ正規分布　65
非線形データフィッティング
　　　　　　　　　　111
ビット　54
ppm　20
表計算ソフト　2
標準偏差　22,37,45,62,118,126
　――の標準偏差　22
標本標準偏差　46
比例関係　100
ビン　35
品質管理　21
品質保証　19
頻度検定　69

## ふ～ほ

ファイル　6
Visual Basic　160
フィッティング　98
フィート　10
フィルター回路　47
フィルハンドル　3
不確定性原理　24
副　尺　27
負　号　6
不確かさ　19,28,125
物理量　10
　――の独立　23
負の相関　86
プランク定数　24
分解能　11
分　散　22,37,45,118

平　均　36,40

　――の誤差　22
アナログ回路による――
　　　　　　　　　　42
母集団の――　40
平均値　19,37,118
ベイズの定理　134
べき指数　19
べき乗分布　38
ベルヌーイ試行　117

ポアソン近似　117
ポアソン分布　116,126
ボーア半径　14
母集団　32
　――の平均　40
母集団標準偏差　45
ボックス・ミュラーの方法　71
ポンド　10

## ま　行

マイクロメーター　27
マウスポインター　3
膜厚測定　19

ミニマックス原理　101
未来予測　132

無作為抽出　32
無理数　17

メジアン　36
目盛分割法　26

もっともらしさ　132
モデル関数　99
　――の確率　102
　――の最適化　103
モード　36
モーメント　37
　2次元正規分布の――　92
モンテカルロ・シミュレーショ
　　　　　　　　ン　74

## や　行

有意水準　127

## 索引

尤度関数　135
有理数　17

読み取り誤差　26

## ら 行

乱　数　69

乱数列　69
ランダム誤差　38
ランダムサンプリング　32
ランダム変数　21,125

リアルタイム計測　41
離散分布　43,52,116
離散モデル　133
粒径解析　12
理論度数分布　36

理論モデル　99
累積分布　42

レートメーター　119
レーマーの合同法　70

ローパスフィルター　47
ローレンツ型分布　2

林 茂雄
　はやし　しげ　お

1948年 愛知県に生まれる
1976年 東京大学大学院理学系研究科博士課程 修了
電気通信大学名誉教授
専門 物理化学
理学博士

第1版 第1刷 2016年10月26日 発行

Excelによる
**理工系のための統計学**

Ⓒ 2016

著　者　林　　茂　雄
発 行 者　小　澤　美奈子
発　行　株式会社 東京化学同人
　　　　東京都文京区千石3-36-7(☎112-0011)
　　　　電話 03-3946-5311・FAX 03-3946-5317
　　　　URL: http://www.tkd-pbl.com/

印刷・製本　美研プリンティング株式会社

ISBN978-4-8079-0901-8
Printed in Japan
無断転載および複製物(コピー, 電子
データなど)の配布, 配信を禁じます.